Jujiajieneng Huanbao Zhinan

居家节能环保指南

Energy HOME

重庆市建筑节能中心 重庆市建筑技术发展中心 组编

U0364245

重庆大学出版社

图书在版编目（CIP）数据

居家节能环保指南/重庆市建筑节能中心　重庆市建设技术发展
中心组编.—重庆：重庆大学出版社，2012.11
（惠民小书屋丛书. 我爱我家系列）
ISBN 978-7-5624-6551-5

Ⅰ.①居…　Ⅱ.①重…　Ⅲ.①家庭生活—节能—指南
②家庭生活—环境保护—指南　Ⅳ.①TK01-62②X-62
中国版本图书馆CIP数据核字（2012）第003961号

居家节能环保指南

重庆市建筑节能中心
重庆市建设技术发展中心　组编

插画作者：王若仙

责任编辑：王　婷　　版式设计：尚品视觉
责任校对：姚　胜　　责任印制：赵　晟

*

重庆大学出版社出版发行
出版人：邓晓益
社址：重庆市沙坪坝区大学城西路21号
邮编：401331
电话：（023）88617183　88617185（中小学）
传真：（023）88617186　88617166
网址：http://www.cqup.com.cn
邮箱：fxk@cqup.com.cn（营销中心）
全国新华书店经销
重庆海斯特印务有限公司印刷

*

开本：890×1240　1/32　印张：2.875　字数：65千
2012年11月第1版　2012年11月第1次印刷
ISBN 978-7-5624-6551-5　定价：15.00元

序 言

　　自1998年重庆市启动建筑节能工作以来，已经走过了十四年历程。近年来，在市建委的领导和重视下，重庆市建设技术发展中心基本上每年明确一个主题开展了大量面向普通消费者的建筑节能宣传工作：2003年开展了全市"建筑节能宣传月"活动；2004年组织了住宅性能认定工作会；2005年、2006年连续举办了两届"中国西部(重庆)建设科技与绿色节能建筑技术展览会"，2006年还举办了全市建筑节能知识竞赛；2007年组织了"科技地产与建筑节能巡展"；2008年结合《重庆市建筑节能条例》实施，编印《市民建筑节能环保知识实用手册》；2009年成功举办了第四届建设领域节能减排与绿色建筑技术展览会；2010年在全市开展了以"实施建筑节能，发展绿色建筑，倡导低碳生活"为主题的城乡建设领域节能宣传周活动，向市民免费发放《建设领域低碳知识手册》等普及性读物2万余份；2011举办第五届"中国（重庆）国际绿色低碳城市建设与建设成果博览会"。通过这些持续不断的宣传，市民的节能环保意识逐步加强，建筑节能的理念逐渐深入人心，这些活动为推动我市建筑节能工作、培育健康的住宅消费市场起到了积极的作用。

　　2008年1月1日，《重庆市建筑节能条例》正式实施，标志着我市建筑节能工作纳入了法制化轨道。由于人的一生中绝大部分时间都在建筑内部进行生活、工作和学习，因此，建筑节能与我们每个人的工作和生活行为都息息相关。为进一步普及建筑节能知识，强化市民的节能意识，市建设技术发展中心根据工作经验和市民生活需要，编印了《居家节能环保指南》。该书汇集了大量与百姓生活息息相关的建筑节能及居家环保知识，作为庆祝重庆建筑节能工作走过十四年历程的礼物送与全体市民分享。同时，该书已被列入重庆市新闻出版局直接领导策划的大型重点丛书——惠民小书屋"我爱我家"系列中，作为改善文化民生、倡导一种健康新生活方式为目的的绿色生活读物之一，我们希望以这种方式促进和指导大家树立和形成绿色节能的理念和习惯，让更多市民了解建筑节能、理解建筑节能、支持建筑节能、参与建筑节能，形成全社会关心重视建筑节能的良好氛围。并以此作为推动我市进一步提升建筑节能水平和住宅建设品质的源动力，为改善我市的人居环境和城市形象，加快建设资源节约型宜居城市做出积极贡献。

前　言

CONTENTS

　　气候、环境的变化已经对人类的生存和发展带来影响。近些年，国际社会已经为降低气候影响、保护地球生态环境、实现可持续发展付出了诸多努力。2011年12月9日在南非闭幕的德班气候大会，是人类在这一艰难道路上留下的又一个脚印。

　　在我国，国家一直倡导节能环保、低碳节约的生产生活理念。2011年初的"十二五"规划草案中提出，要在"十二五"期间，使非化石能源占一次能源消费比重提高到11.4%，单位国内生产总值能耗和二氧化碳排放分别降低16%和17%，主要污染物排放总量减少8%～10%，森林蓄积量增加6亿立方米，森林覆盖率达到21.66%。此次草案提出的节能环保目标体系，在节能目标的基础上，首次提出了非化石能源占一次能源消费的比重、二氧化碳排放强度和森林蓄积量这3个指标。可以看出，我国正在形成一个将气候变化包含在内的节能环保体系，国家正从目标制定、体系完善等多方面致力于节能减排工作的推进。

　　在社会能耗中，建筑能耗占到了近30%，与工业、交通共为节能减排的重点三大领域。据统计数据显示，我国每建成1平方米的房屋，约释放出0.8吨碳。另外，在建筑使用过程中，建筑采暖、空调、通风、照明等方面的能源都参与其中，不仅能源消耗巨大，同时碳排放量也很巨大。因此，尽快实施节能减排，大力发展绿色、低碳建筑，注重建设过程的每一个环节，以有效控制和降低建筑的碳排放，并形成可循环持续发展的模式，最终使建筑物有效地节能减排并达到相应标准，是建筑行业走上可持续发展的必由之路，也是建设行政主管部门和相关单位义不容辞的责任。

对市民而言，强化节能环保意识，从自己做起，从身边做起，养成在办公、出行、休闲、用餐等多个方面良好的节能环保习惯非常重要，这将有助于每个公民参与到发展低碳经济，应对气候变化，倡导节能减排，保护环境，建设资源节约型、环境友好型社会中来。节能减排，保护环境，需要政府主管部门的引导，同时也离不开广大市民的广泛参与。

因此，由重庆市城乡建设委员会组织，重庆市建筑节能中心、重庆市建设技术发展中心负责编写了这本通俗、易读、实用的环保生活手册。本书由杨修明、廖可、莫天柱、杨元华编写，杨元华负责统稿。希望通过这本手册，普及建筑节能理念，推广建筑节能常识，提供节能减排的科学知识和方法，提高市民的节能减排意识和能力，推动全民参与，形成节约资源、降低碳排放、减少污染、保护环境的良好社会风气。

编　者
2012年5月

目录

CONTENTS

1. 节能环保生活倡议书

亲爱的朋友们：

　　经济的发展、社会的进步，给我们的生活带来了巨大的改变，我们每个人都在实实在在地分享着发展带来的方便和快乐。同时，我们也必须面对由于发展带来的环境污染、生态破坏、能源减少等种种残酷现实。最直接的感受就是，不知从何时开始，我们头顶的天不再蓝了，身边的水不再绿了，雷雨、大风、洪水、冰冻、雪灾等极端的天气及地震、泥石流等各种自然灾害也逐渐多起来了。

　　房屋是我们每个人居住生活中所不可或缺的。看起来它只是静静地伫立，任人们出出进进、忙忙碌碌，但在能源消耗上，它却是一个耗能大户。如果每栋房屋里面都安装有庞大的通风设备，安装有电梯和空调，那人们在里面生活时，将会耗费大量的电和燃气等能源，也会由于更多设备的使用，向外界排放更多的 CO_2。同时，当我们在设计和建造房屋的时候，如果不考虑房屋墙体的厚度、门窗的朝向、空调等设备的能效情况，则不但不利于打造更舒适、便捷的居家生活，而且更会大大增加能源的消耗。由于人类对能源的无度索取，加大了能源攫取的速度，造成大量的工业化能源生产，因此也就存在更多环境污染、生态破坏的可能。

　　随着社会的进步，家用电器的种类、功能也越来越多，使人们的生活更方便，提高了人们的生活质量。但从电熨斗到电冰箱，从电视机到热水器，各种各样电器的使用都需要消耗能源。如果我们在家庭生活中不了解电器的合理使用方法，不仅会耗费大量的水、电、燃气等，还将影响电器的使用寿命，更有甚者还会带来严重的安全隐患。

　　办公室是我们除了家庭以外停留时间最长的地方。办公室纸张的大量使用,在直接消耗着森林资源,同时,办公纸张的生产也会污染环境、破坏生态。另外,办公室中大量的办公设备,在为我们的工作提供便捷的同时,也在消耗大量的能源,也向办公环境释放着有毒有害气体,污染着办公环境,影响人们的工作生活质量。更重要的是,如果我们还保留着不良的办公设备使用习惯,将会降低设备使用寿命,加大设备的耗电量,加大能源负荷。

同样,在我们日常出行时、吃饭时、娱乐时,随时随地都在消耗着地球上有限的能源资源,产生着可能给地球环境带来伤害的各种生活垃圾。久而久之,这样的消耗与伤害必将加速能源枯竭,让我们的生态环境受到严重影响,也将使留给我们的子孙后代能够健康生存的空间越来越少。

我们只有一个地球,地球是我们人类生命的根源,是我们共同的家园。生活在地球上的每个人都有责任和义务,为降低生活能耗、减轻地球负担、保护生态环境贡献自己的一份力量。

环保节能应从我做起,从点滴做起,从现在做起。现在,我们向每一个人提出倡议:

一、关注我们身边的建筑,了解建筑节能的有关知识,积极支持建筑能效测评,支持绿色生态小区的开发建设,支持绿色建筑评价标识。如果有条件,尽量选择在通过评价并获得标识的绿色建筑里生活或办公。

二、关注自己的家庭生活细节,强化家庭节能意识。家庭装修时,应选择环保建材,积极使用可循环材料、低碳无污染涂料等。支持并选用能效标志等级较高的家电产品,支持节能灯具、节水器具的推广使用,科学合理地使用家用电器,养成节约、科学、健康的节能环保生活方式。

三、关注自己的办公习惯,力争推行无纸化办公,减少对森林资源的消耗。同时，科学使用电脑、打印机、复印机、空调等办公设备及电器，养成随手关灯的好习惯，在工作中做好计划统计，避免重复消耗，提高工作效率。

四、在日常生活中，以举手之劳践行节约环保理念。选择步行、自行车出行等低碳环保的出行方式，倡导健康、绿色娱乐，杜绝餐桌浪费，尽量一物多用，学会旧物巧利用，变废为宝，让有限的资源延长寿命。节约使用不可再生能源，合理应用可再生能源，全面提高自己的节能环保意识，养成勤俭节约的好习惯，保护环境，减少污染，共同维护我们美好的家园。

一个人的力量是有限的，但若每个人都积极响应低碳、环保、可持续发展的号召，从自己做起，从身边做起，几十亿人的携手行动，将会产生带给你我惊喜的力量。请朋友们积极响应倡议，就从现在开始，从一点一滴做起，努力为节能环保"多尽一份心，多出一份力"，让我们的山更青，水更绿，云更白，天更蓝，为了我们自己的生存环境，也为了我们子孙后代的发展，贡献自己的力量！

倡议人：重庆市建筑节能中心
重庆市建设技术发展中心
二零一二年五月

2. 建筑节能篇

1. 什么是建筑节能?

建筑节能概念始于20世纪70年代。1973年,欧佩克(OPEC,石油输出国组织)国家对美国实施石油禁运,世界石油危机爆发,促使发达国家采取各种措施节约能源,建筑节能首次被提出。其后,建筑节能的内涵在不断变化,现在国际上通行的说法是指提高建筑中的能源利用效率,也就是说,建筑节能并不是消极意义上的节省,而是从积极意义上提高利用效率。在《重庆市建筑节能条例》中,建筑节能被定义为在保证建筑物使用功能和室内热环境质量的前提下,在建筑物的规划、设计、建造和使用过程中采用节能型的建筑技术和材料,降低建筑能源消耗(主要是电能),合理、有效地利用能源的活动。

2. 建筑能耗包括哪些?

建筑能耗有广义和狭义之分。国内过去较多的说法是,建筑能耗包括建筑材料生产、建筑施工和建筑物使用几个方面的能耗。这种说法将建筑用能跨越了工业生产和民用生活的不同领域,是广义的建筑能耗。

近年来,经过认真研究,大家认为,我国建筑用能的范围应该与各发达国家取得一致,即建筑能耗应指建筑使用能耗(即狭义的建筑能耗),其中包括采暖、空调、热水供应、炊事、照明、家用电器等方面的能耗。在国际上,建筑能耗是与工业、农业、交通运输能耗并列的,属于民生能耗，一般占全国总能耗的30%～40%。目前我国建筑能耗已近30%，并保持上升趋势。据预测，到2020年，我国建筑能耗将达到11亿吨标准煤，占全社会总能耗的比例将达到35%左右，将超越工业用能成为用能的第一领域。由于建筑用能关系国计民生，量大面广，因此，建筑节能是牵涉到国家全局和人类前途，影响深远的大事情。

3. 通常所说的建筑节能50%和65%是什么？

在夏热冬冷地区，建筑节能50%和65%是指在1980—1981年当地代表性住宅建筑夏季空调加上冬季采暖能耗（折算成每平方米建筑面积每年用于夏季空调和冬季采暖能耗的电能）的基础上分别节约50%和65%。

重庆市自2008年1月1日起，对主城中心区（面积约1 061平方千米，包括渝中区、大渡口区等全部行政区域范围）申报初步设计审批的居住建筑执行重庆市《居住建筑节能65%设计标准》（DBJ 50—071—2007），实现了西部地区率先执行建筑节能65%标准的目标。10月1日起，主城核心区公共建筑执行节能65%标准；主城其他地区和涪陵、万州、黔江、万盛、双桥、江津、合川、永川、长寿、南川、綦江、潼南、铜梁、大足、荣昌、璧山等区县城镇范围内新建（含改建、扩建）的民用建筑执行节能50%标准，鼓励开展建筑节能65%标准试点示范工作；武隆、丰都、垫江、忠县、云阳、奉节、梁平、巫山、巫溪、开县、城口、石柱、秀山、酉阳、彭水等区县规划区范围内新建（含改建、扩建）的公共建筑和商品住宅执行节能50%标准。

4. 我国建筑节能的潜力有多大?

我国建筑节能潜力巨大。根据住建部的分析预测，到2020年如果城镇建筑全部达到节能标准，可节省3.35亿吨标准煤，空调高峰负荷减少8 000万千瓦，相当于4.5个三峡电站的满负荷发电量。

5. 为什么搞建筑节能既节能又省钱?

与不节能的传统建筑相比，节能建筑由于采用了多项节能措施，一般来说，是要增加投资的。根据所采用的节能技术的不同，所增加的费用和所取得的收益也不一样。根据一些试点资料分析，以建筑节能投资增加额与住宅建筑本身的造价相比，节能50%时约增加建筑造价7%～10%，如果与住宅开发建设总费用相比，则所占的比例还要小得多。与此同时，从规划设计的角度分析，节能建筑可以节约采暖制冷系统建设的投资，在建成使用后可以节约能源支出，节约运行管理费用。也就是说，节能投资可以回收，回收期多在3～7年。可见，搞建筑节能，其投资可以很快回收，并在住宅寿命期内受益。而

且节能建筑冬暖夏凉，居住舒适，有利于增进健康、提高工作效率，又由于少用能源，减少燃烧煤炭和石油类燃料，可以减轻由此产生的大气污染和温室效应，造福人类，造福子孙。

可见，为什么各发达国家都十分热衷于搞建筑节能，这是因为各国的经济专家十分精明地把账全面算清楚了，搞建筑节能合算省钱。

6. 什么是节能建筑?

节能建筑主要是指遵循气候设计和节能的基本方法,对建筑的规划分区、群体和单体、建筑朝向、间距、太阳辐射、风向及外部空间环境进行研究,从而设计出的低能耗建筑。

1) 节能建筑的基本要求

①建筑物尽量采用南北朝向布置,否则,需加强建筑围护结构的保温隔热性能而增大建筑成本。

②建筑群之间和建筑物室内,夏季要有良好的自然通风,因此建筑群不应采用周边式布局型式。低层建筑应置于夏季主导风向的迎风面(南向);多层建筑置于中间;高层建筑布置在最后面(北向),否则,高层建筑的底层应局部架空并组织好建筑群间的自然通风。

③尽量加大建筑物之间的间距,尽量减少建筑群间的硬化地面,推广植草砖地面,提高绿地率,加强由落叶乔木、常绿灌木及地面植被组成的空间立体绿化体系,以便由树冠和地面植被阻挡、吸收大部分的太阳直射辐射,减少地面对建筑物的反射辐射,降低区域的夏季环境温度,减轻区域的热岛现象。

④应控制建筑物的体形系数,即尽量减少外墙的凸凹面和架空楼板,坡屋顶宜设置结构平顶棚或降低坡度,应采用封闭式楼梯间等。

⑤不应设置大

窗户，窗户大小以满足采光要求为限。门窗玻璃应采用普通透明玻璃（或淡色低辐射镀膜玻璃）的中空玻璃，居住建筑和办公建筑不应采用可见光透光率低的深色镀膜玻璃或着色玻璃。门窗型材应采用塑料型材、断热彩钢及断热铝合金型材，不应采用非断热铝合金及彩钢型材。外门外窗应具有良好的气密性、水密性、隔声性及抗风压性能。

⑥屋顶和外墙既要保温又要隔热，还要防止保温层渗水、内部结露和发霉。

⑦屋顶和外墙的外表面，宜采用浅色饰面层，不宜采用黑色、深绿、深红等深色饰面层。

⑧应加强分户墙和楼地面的保温性能。

⑨设有集中采暖、空调的建筑，应选用高效、低能耗的设备与系统。

除上述9点之外，节能建筑还应具备设计规范所要求的隔声性能等适用性能、安全性能、耐久性能和环境性能。

2）如何识别节能建筑

根据《重庆市建筑能效测评与标识管理办法》，建设行政主管部门按照建筑节能有关标准和技术要求对建筑物的能效水平进行测评，并按照测评结果将建筑能效以信息标识的形式进行明示，划分为3个等级。当50%≤节能率

<65%且节能设计符合性核查符合要求时,被测评建筑标示为Ⅲ级;当65%≤节能率<70%且节能设计符合性核查符合要求时,标示为Ⅱ级;当节能率≥70%且节能设计符合性核查符合要求时,标示为Ⅰ级。重庆市建筑能效测评证书如右图所示。

7. 什么是绿色建筑?

现行的国家《绿色建筑评价标准》(GB/T50378-2006)以及重庆市《绿色建筑评价标准》(DBJ/T50-066-2009)对绿色建筑的定义是:

绿色建筑(green building)是指在建筑的全寿命周期内,最大限度地节约资源(节能、节地、节水、节材)、保护环境和减少污染,为人们提供健康、适用和高效的使用空间,与自然和谐共生的建筑。

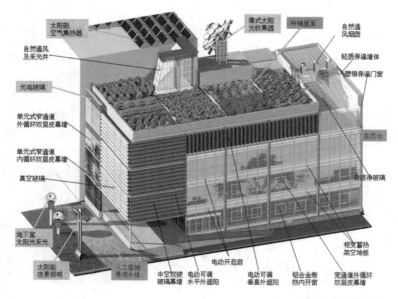

（本图来自网络）

1）绿色建筑和普通建筑的区别

①普通建筑能耗非常大，绿色建筑应用各种节能技术，充分利用可再生能源，大大减少了能耗。和普通建筑相比，绿色建筑耗能可以降低70%～75%，最好的能够降低80%。

②普通建筑是封闭的，它与自然环境完全隔离，室内环境不利于健康。而绿色建筑和智能建筑相结合，其内部与外部采取有效连通的办法，会依据气候变化自动调节，有利于人体健康。

③普通建筑采用商品化的生产技术，其建造过程的标准化、产业化造成了大江南北的建筑风貌大同小异。而绿色建筑强调采用本地的原材料，尊重本地的人文、自然、气候条件，在风格上完全是本地化的，所以产生出新的建筑美学和健康舒适的生活环境。

④普通建筑仅仅是在建造过程或者使用过程中对环境负责。而绿色建筑强调从原材料的开采、加工、运输一直到建造、使用直至建筑物的废弃、拆除的全过程都要对地球负责、对全人类负责，所以绿色建筑理念是全面的。

2）如何识别绿色建筑

绿色建筑要进行专门的评审，进行绿色建筑评价标识。绿色建筑评价标识指对申请进行绿色建筑等级评定的住宅建筑和公共建筑，依据国家/重庆市《绿色建筑评价标准》，按照国家/重庆市相应的管理办法确定的程序和要求，确认其等级并进行信息性标识的一种评价活动。国家绿色建筑的等级由低到高依次分为★，★★，★★★3个等级，重庆市绿色建筑的等级由低到高依次分为银级、金级、铂金级3个等级。

国家	重庆市
一星级	银级
二星级	金级
三星级	铂金级

图示为国家绿色建筑星级标识图案。左边为绿色建筑标识，右边为绿色建筑设计标识。

重庆市城乡建委是重庆市绿色建筑工作的管理单位，设立在重庆市建筑节能中心的绿色建筑评价标识管理办公室是我市绿色建筑工作的日常管理机构。企业开发绿色建筑、市民查询了解绿色建筑，均可致电绿标办（023）63621183进行咨询。

8. 什么是绿色生态住宅小区?

绿色生态住宅小区是指在规划、设计、建设和管理的各环节充分体现节约资源与能源，减少环境负荷，创造健康舒适的居住环境，与周围生态环境相协调的住宅小区。

"生态"的本质是通过一流的绿化、净水进屋、环保配套、高素质居民、社区人文资源和能源的合理利用及合理、科学、前瞻的社会规划和管理，实现可持续发展的开放式闭合良性循环。它是以有益于生态、健康、环保、节能、方便生活和工作为宗旨，使居住者在身体上、精神上、社会上完全处于良好状态的新型住宅。

1) 绿色生态住宅小区住宅的特征

　　省：节能、节地、节水、节材、环保。

　　好：与自然和谐，由内而外的美。

　　长：努力延长房屋的使用寿命。

　　全：功能齐全，满足3个层次的要求——能在房间里看到太阳,房子懂得体温，房子会"呼吸"。

2) 重庆市的绿色生态住宅小区

　　重庆市建设技术发展中心受市建设行政主管部门委托，负责住宅性能评定和绿色生态住宅小区的具体组织实施等日常工作，并接受市建设行政主管部门的监督与管理。

　　住宅小区相关技术指标满足重庆市《绿色生态住宅小区建设技术规程》(DBJ/T 50—039—2007)及《重庆市绿色生态住宅小区示范工程管理办法 (试行)》有关规定并通过市建设行政主管部门终审时，由市建设行政主管部门统一行文公布，并颁发"重庆市绿色生态住宅小区"证书和标志。

绿色生态住宅小区标志

绿色生态住宅小区预评审、终审合格证书

绿色生态住宅小区终审标牌

9. 低能耗、零能耗住宅是怎么回事?

零能耗住宅就是指不消耗煤、电、油、燃气等商品能源的住宅。其使用的能源为可再生能源(如太阳能、风能、地热能),以及室内人体、家电、炊事产生的热量,排出的热空气和废热水回收的热量。

这种住宅的外围护结构使用保温隔热性能特别高的技术和材料(如外墙的屋顶包裹着厚厚的高效保温隔热材料),外窗框绝热性能良好,玻璃则使用密封性能很好的多层中空玻璃,且往往装有活动遮阳设施,还有可根据人体需要自动调节的通风系统以及节能型照明灯具,有的还使用地源热泵或水源热泵。经过如此"包装"的住宅,不管是室外严寒还是酷暑,室内照样温暖如春、冬暖夏凉,节能又舒适。在阴雨天、无风天,当太阳能、风能使用受限制时,零能耗住宅可以接通公用电路,暂时使用很少量的商品能源,到可再生能源供应充裕时,则将多余电量送还给公共电网。

低能耗住宅的原理与零能耗住宅相近,只是需要使用少量的常规能源而已。随着建筑节能工作的深入开展,低能耗和零能耗住宅技术有待我们共同探讨。

10. 购房者如何鉴别"节能住宅"?

在我国,只要符合建筑节能设计标准的建筑,就可以称之为节能建筑。建筑节能设计标准是建设节能建筑的基本技术依据,其中的的强制性条文规定了主要节能措施、热工性能指标、能耗指标限制等要求。

一般"节能住宅"都应采用中空玻璃窗;如果外墙采用聚

苯板薄抹灰外保温体系，就可以用手敲击外墙面，发出"咚咚"的空洞声；如果采用夹心保温体系，可以在墙面上的空调孔中触摸到保温材料。房地产开发企业在销售商品房时，应向购买人明示所销售房屋的能效水平、节能措施及保护要求、节能工程质量保修期等基本信息，并在房屋买卖合同和商品房质量保证书、商品房使用说明书中予以载明。另外，购房者可根据能效标识来鉴别"节能住宅"。

11. 如果所购新房达不到节能标准，能说它质量有问题吗?

如果住户所购的新房属于节能建筑，但未达到开发商所承诺的节能标准，可以认定其存在节能方面的质量问题，可以根据已有的规章维护自己的权益。

建设部于2005年发出了《关于新建居住建筑严格执行节能设计标准的通知》，要求切实抓好新建居住建筑严格执行建筑节能设计标准的工作，对不执行或擅自降低建筑节能设计标准的单位制定了相应的处罚措施，并要求各地建设行政主管部门建立监督举报制度，受理公众举报。

2008年1月1日实施的《重庆市建筑节能条例》第十九条规定，建筑工程项目未经建筑能效测评，或者建筑能效测评不合格的，不得组织竣工验收，不得交付使用，不得办理竣工验收备案手续。

12. 冬天热量是怎样从建筑中散失的?

冬季，寒冷地区的室内大都有采暖设备，此外人体、炊事、家电、照明等的散热和太阳通过墙体、屋面和窗传入的辐射热，使得室内温度比室外温度高很多，室内外存在很大的温差，而建筑物的围护结构（包括外墙、屋顶、门窗和地面等）不可能完全绝热和密闭，因此，热量必然会从温度较高的室内向温度较低的室外散失。据测试，在向外散失的总热量中，约有70%～80%是通过墙体、屋面结构的传热向外散失的，其余约有20%～30%是通过门窗缝的空气渗透向外散失的。因此，保温不好的建筑会由于散热过快，尽管向室内供暖，仍然难以维持适宜的温度，严重浪费能源。

13. 冬天有些房间结露是怎么回事？

出现结露现象是由于建筑围护结构保温不足，且存在明显的热桥部位，在供暖不足、室温偏低、湿度偏高的条件下，围护结构及热桥部位内表面温度低于室内空气露点温度而引起的。一些住宅建筑的外墙和屋顶中存在许多热桥部位。在冬天，外墙四大角、屋面檐口、外墙与内隔墙和外墙与楼板连接处、墙板和屋面板中的混凝土肋等热桥部位的内表面，甚至整面山墙和屋面板的内表面就会有结露或严重结露，严重者还会滴水或淌水；在有橱柜、床铺等遮盖的墙面和壁柜内侧，会严重结露，甚至长霉；同时还因室内潮湿，衣物及粮食受潮、长霉，严重影响居民生活和身体健康。

14. 夏季室内过热的原因是什么？如何防热？

在炎热的夏季，建筑物在强烈太阳辐射和室内外温差的共同作用下，会通过屋顶和外墙将大量的热量传入室内，同时室内还有生活和生产产生的热量，这些热量是使室内气温发生变化并引起过热的原因。

建筑防热的主要任务是尽量改善室内热环境，减弱室外热作用对建筑物的影响，改善建筑物及其围护结构的保温隔热性能，尽量减少从室外传入室内的热量，并使室内热量尽快散发出去，以避免室内过热。其主要措施有：

①环境绿化，以减弱室外热作用对建筑物的影响。如外墙面刷白，种植攀爬植物，种植遮阳树木等，顶楼还可考虑屋顶绿化。

②围护结构隔热，特别是屋顶和西向外墙隔热。

③房间自然通风，以排除室内热量和改善人体舒适感。

④窗户遮阳，遮挡直射阳光进入室内，改善室内环境。如设置外窗帘（最好是设置外遮阳卷帘），窗玻璃贴热反射膜，或改用隔热玻璃，挂热反射窗帘等。

15. 为什么节能建筑能改善室内热环境，做到冬暖夏凉？

在节能建筑中，为了节约采暖和空调能耗，除了一般采用高效节能、便于调控和计量的采暖和空调设备外，还加强了围护结构的保温和隔热性能，以及提高门窗的气密性来起到隔热保温的作用。根据国家规范的规定，符合节能要求的采暖居住建筑，其屋顶的保温能力约为一般非节能建筑的1.5～2.6倍，外墙的保温能力约为一般非节能建筑的2.0～3.0倍，窗户的保温能力约为一般非节能建筑的1.3～1.6倍。节能建筑一般都要求采用带密闭条的双层或三层中空玻璃窗户，这种窗户的保温性能和气密性要比一般窗户好得多。由于节能建筑的围护结构的保温性能较好，门窗的气密性较高，因此，在冬季可以防止室内热量的散失，在夏季可以起到隔热的作用，从而保证室内冬暖夏凉，明显改善室内热环境。

16. 建筑朝向与建筑能耗有关系吗?

建筑朝向对建筑物获得的太阳辐射热量及通过门窗缝隙的空气渗透传热等有很大的影响。

在冬季采暖能耗中的建筑物能耗,主要由通过围护结构传热失热加上通过门窗缝隙的空气渗透失热,再减去通过围护结构传入和透过窗户进入的太阳辐射热构成。研究结果表明,同样的多层住宅,东西向比南北向的建筑物能耗要增加5.5%左右。通过门窗缝隙的空气渗透损失的热量也与建筑朝向有密切关系。因此,为了降低冬季采暖能耗,建筑朝向宜采用南北向,主立面宜避开冬季主导风向。

在夏季空调能耗中的建筑能耗,主要由透过窗户进入和通过围护结构传入的太阳辐射热量,以及通过围护结构传入的室内外温差传热和通过窗缝隙的空气渗透传热构成,其中,太阳辐射热量是空调能耗的主要组成部分。研究结果表明,在窗墙面积比为30%时,东西向房间的空调运行负荷比南北向房间的要大24%~26%。

17. 建筑形态与建筑能耗有关系吗?

建筑形态的变化直接影响建筑采暖空调的能耗大小。建筑节能设计中的关键指标之一是体形系数,是指单位建筑体积所分摊到的外表面积。体形系数越大,外表面积就越大,因而热损失也就越大。从节能的角度讲,应将体形系数控制在一个较低的水平。建筑形态复杂、凹凸太多，就会造成外表面积增大，从而造成建筑能耗增加。一般来说，低层和少单元住宅对节能不利；对于高层住宅，在建筑面积相近条件下，高层塔式住宅的耗热量指标比高层板式住宅的高10%～14%，而体形复杂、凹凸面过多的点式建筑对节能更为不利。

体形系数不仅影响建筑物外围护结构的传热损失，它还与建筑造型、平面布局、采光通风等紧密相关。但体形系数过小，将制约建筑师的创造性，造成建筑呆板、平面布局困难，甚至损害建筑功能。因此，要权衡利弊，两者兼顾，尽可能减少房间的外围护面积，即体形不要太复杂，凹凸面不宜过多。

18. 什么是外墙外保温技术? 外墙外保温有什么好处?

外墙外保温技术是指采用外墙保温材料，从建筑外墙外表面进行保温施工的技术。这种墙体的优点包括：

①外保温材料对主体结构有保护作用。室外气候条件引起墙体内部较大的温度变化将发生在外保温层内，避免内部的主体结构产生大的温度变化，使主体墙寿命延长。

②有利于消除或减弱局部传热过多的热桥作用。热桥作用会产生热损失，产生冷凝结露现象，造成对建筑物的破坏，影响其使用寿命。如果采用内保温，则热桥问题就相当严重。

③主体结构在室内一侧，由于外保温材料蓄热能力较强，可避免室温出现较大波动。

④对既有建筑采取外保温进行改造施工时，可大大减少对住户的干扰。

⑤有些居民要重新装修新房，在其装修过程中，内保温层容易遭到破坏，采用外保温则可

避免发生这种问题。

⑥外保温可以取得较好的经济效益。虽然外保温造价比内保温高一些，但只要采取适当的技术，单位面积造价可以增加不多。由于采用外保温相比内保温增加了房间使用面积，加上有节约能源、改善热环境等优点，因此外保温总的经济效益比内保温要好。

19. 是不是做了外墙保温就是达到了建筑节能标准?

不能简单地判别做了外墙保温就是达到了建筑节能标准。判断建筑是否达到节能标准，是要通过对该建筑进行综合能耗计算和核对施工实施情况与设计文件是否相符来得出的。外墙保温技术只是建筑外围护结构保温隔热的手段之一，建筑节能技术涉及小区规划、建筑设计，以及屋面、外

墙、门窗、通风、遮阳等多方面，是一项综合性的技术。

20. 自然通风是如何影响建筑能耗的?

自然通风是当今建筑普遍采取的一项改善建筑热环境、节约空调能耗的技术。采用自然通风方式的根本目的就是取代（或部分取代）空调制冷系统。当室外空气温湿度较低时，自然通风可以在不消耗能源的情况下降低室内温度，带走潮湿气体，达到人体热舒适的室内环境。空调所造成的恒温环境会使人体抵抗力下降，引

发各种"空调病"，而自然通风可以排除室内污浊的空气，从而降低了空调降温能耗。

自然通风与建筑能耗的关系，要取决于室外的气象条件。在我国大部分地区的春秋季节，室外气温满足人体舒适度要求，可利用自然通风，在不消耗能量的前提下，起到显著改善室内热舒适条件、增进人体健康的功效。在夏季，白天的室外空气温、湿度高于室内，热风进入室内势必增加空调能耗，此时应限制通风，避免热风侵入，抑制室内气温上升，减少室内蓄热；而在夜间，往往可以利用自然通风进行室内散热，省去了夜间的空调能耗，同时降低了围护结构的蓄热，可以降低第二天的空调能耗。

21.门窗对空调降温能耗有多大影响?

在围护结构中，门窗（主要是窗户）的朝向、面积和遮阳状况，对空调降温能耗的影响很大。研究结果表明：当窗墙面积比为30%时，东西向房间的设计日冷负荷及运行负荷，分别比南向房间的要大37%～56%及24%～26%，随着窗墙面积比的增大，东西向房间设计日冷负荷及运行负荷增加的幅度比南北向的要大得多。窗户（特别是东西向窗户）的遮阳状况，对空调负荷也有重大影响。采用有效的遮阳措施（如活动式遮阳篷、浅色可调百叶窗帘等）能较大幅度降低空调负荷。因此，尽量避免东西向开窗或东西向开大窗，使窗户有良好的遮阳措施和气密性，是节约空调降温能耗的关键措施。

22. 怎样选用节能窗?

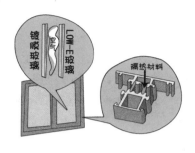

建筑外窗作为建筑的重要部件，有采光、通风和丰富的建筑外观功能，同时也是围护结构中重要的能量散失环节。节能型建筑门窗是指其保温隔热性能（传热系数）和空气渗透性能（气密性）两项物理性能指标达到（或高于）建筑节能设计标准要求的门窗。节能门窗可以是单层窗、双层窗，甚至在高纬度严寒地区可能采用三层窗。

节能窗窗框采用低导热系数的材料，如PVC塑料型材、新型断热桥铝合金窗型材、玻璃钢型材、钢塑共挤型材及高档产品中的铝木复合材料、铝塑复合材料等，这样可以从根本上改善普通金属外窗由于窗框的热传导带来的较大的能量损失；采用设计合理的密封结构，并选用具有耐候性强、不易收缩变形、手感柔软的材料作为密封条，改善建筑外窗的气密性；采用中空玻璃、镀膜玻璃、真空玻璃等措施，提高玻璃的热阻值。

23. 为什么要使用门窗密封条?

制作和安装质量不良、缝隙不严的门窗，冷天透风量大，使得室内冷风习习、寒气逼人；同时室外灰尘、烟垢、风沙也随之刮进室内，需要频繁打扫房间；而且由于其隔音效果不好，常年有噪声干扰，会对生活造成诸多不便。

门窗缝隙还是浪费能源的一大漏洞，有些居住建筑由于空气渗透造成的耗热量约占整个建筑采暖耗热量的30%，除一部分是为了通风换气的正常需要以外，很大一部分是不必要的浪费。在建筑节能多项技术措施中，采用门窗密封条效益较高且费用较低，同时使用又最为简便，住户容易自己动手安设，因此，门窗密封条是建筑节能的首选技术措施。

如果你家已安设了门窗密封条，那么在每个冬季开始以前，应该检查一下密封是否仍然有效。做法是：在刮风的日子，把手掌伸到接缝处，看能否感觉到有冷风吹过。如果密封不良，应及时更换密封条。

24. 哪几种遮阳设施比较好？

在一年的不同季节，有时需要采暖，有时需要制冷，因此最好用先进系统来灵活控制。可调节式遮阳允许用户选择需要的遮阳程度。使用遥控电动遮阳软帘，夏季降下遮阳软帘可有效阻挡太阳辐射能、降低中央空调热负荷；冬季升起遮阳软帘又可充分吸收太阳辐射能，降低供热负荷，起到节能降耗的作用。

还有一种价格低廉、技术领先的智能玻璃，这种玻璃在室外温度升高时，会因红外线透过率下降使屋内亮度保持不变；而当室外温度下降时，它又会使红外线透过率升高而令室内温度不会变化很大。由于智能玻璃自动调节了室内温度和亮度，因此可减少空调的使用频率和强度。

另外，我们日常生活中比较常见的是采用活动遮阳设施，它可按用户自己的意愿安设，对于减少太阳辐射、减轻夏季室内过热程度也是十分有效的。如窗口上沿的活动篷罩、百叶窗、窗帘等都是常见

的活动遮阳设施。活动遮阳也可以分为内、外两种，外遮阳的遮阳效率要远高于内遮阳，遮阳要求高的地方应该尽量安装外遮阳，这样做可把大部分辐射热阻挡在室外。但如果把活动遮阳设施安在室内，则安装和维护均较为方便。活动百叶窗分为水平式和垂直式两种。水平式对来自上方的太阳辐射更有效，易于用来遮挡南向辐射，而垂直式百叶窗帘对阻挡水平方向的辐射效果更好，对于防西晒比较有效。有些厂家将百叶窗帘等安装在窗户的两层玻璃之间，使遮阳窗户的内外两侧都不再需要增添其他的遮阳物，这也是一种有特点的选择。

25. 为什么有些顶层和端头房间冬冷夏热?

顶层房间和端头房间的外露面积通常较大，外露的屋顶和外墙的保温性能不好是造成这类房间冬冷夏热的主要原因。

在冬季，外露的屋顶和外墙会加大房间的热量损失，使室内温度降低。同时由于其内表面温度较低，且面积较大，因此，与人体之间的辐射换热量也较大，这时即使室内温度保持正常，人们仍然会感到寒冷。

在夏季，屋顶和外墙受到强烈的太阳辐射和室外高温的作用，其内表面温度必然上升。由于其内表面温度较高、面积较大，因此与人体之间的辐射换热也必然较大，即使室内温度与一般房间接近，人们仍然会感到很热。

26. 如何改善顶层和端头房屋的冬冷夏热问题?

作为房屋的使用者或居民，可以采取下述方法对住房进行改造来改善冬冷夏热问题:

①结合装修，采用保温性能和气密性良好的塑料窗（又称塑钢窗），或中空玻璃断热铝合金窗断热桥彩钢窗，代替原有的钢窗或木窗。

②在平屋面防水层上面铺设100～150毫米厚加气混凝土

块，或铺设混凝土薄板等架空隔热层，或涂刷白色（或浅色）涂料。

③在外墙内侧加轻质高效保温隔热层（如抹20～30毫米厚保温砂浆等），或在外墙外表面涂刷白色（或浅色）涂料。

④在屋顶（或顶棚）内表面贴低辐射系数材料（如铝箔等），以降低屋顶内表面与人体之间的辐射换热。

27. 如何利用庭园植树做到夏凉冬暖？

庭园植树可对室内起到夏凉冬暖的作用：一是由于树木吸收太阳辐射热，通过光合作用，把空气中的二氧化碳和水变成有机物，并从根部吸收水分，通过叶面蒸发，降低空气温度；二是繁茂的树木在夏季有良好的遮阳作用，而在冬季树木落叶后仍可透过阳光；三是树木有引导风向及挡风作用。按照当地不同季节的主导风向，成排栽种的树木，可引导夏季凉风进入建筑物，而在北面及西北面栽种的树木则可降低风速，起到挡风的作用。

庭院所种植的树木，宜选择长得较高、枝叶伸展较宽、夏日茂盛、冬季落叶的乔木。根据朝向的不同、宜林地区的不同，适宜选用的树木种类并不相同，其布置也有区别。

庭园植树中要注意的问题：一是不要把树木种得靠房屋太近，以免树根破坏房屋基础；二是不宜把大乔木、大灌木种在窗口，以免影响视线、采光和通风。

28. 如何利用爬墙植物和攀藤植物遮挡太阳辐射？

爬墙植物（如爬墙虎、常青藤），可爬墙生长；攀藤植物

（如葡萄、牵牛花、紫藤、爆竹花、珊瑚藤等），可沿棚架攀缘而上；一些瓜类、豆类和中草药也可顺杆上爬。这些植物在炎热的夏天生长茂盛，正好可用于遮挡太阳辐射，吸收太阳热量。到了冬天，这些植物会落叶，又不会妨碍建筑物接受日照。因此，在门前、窗前或阳台前搭设棚架，使攀藤植物在架上生长，可形成挡板式或水平式遮阳，遮阳效果明显，在盛夏季节，外墙外表面温度也可降低1 ℃左右。但种植爬墙植物和攀藤植物后，室内采光有所减弱，风速有所降低，湿度稍有增加。

3. 家庭节能篇

1. 什么是中国节能认证标识?

我国在1998年10月成立了专门认定节能产品的机构——中国节能产品认证中心(简称CECP),CECP有一系列标准来判别某产品是否属于节能产品,其认证范围是节能、节水和环保产品。中心成立后,经过一段时间的准备,从1999年4月开始,首先从家用电冰箱入手,正式开展了节能认证工作。目前,CECP受理家用电冰箱、微波炉、电热水器、电饭煲、坐便器、电视机、电力省电装置等近20类产品的节能产品认证工作。

如果电器商品带有蓝色的"节"字,表明该产品已经通过中国节能认证。CECP的评判标准是:把当时市场上20%~30%产品能达到的能效指标视为节能指标,把90%能达到的指标作为能效指标的限定值,于是,剩下10%就只能被淘汰掉了,并且它引导60%~70%的产品向更高要求靠拢。

2. 什么是中国能效标识?

中国能效标识是判断家电能耗等级的一个重要标准,判定空调能效等级的依据是国家标准《房间空气调节器能效限定值及能源效率等级》(GB 12021.3—2004),该标准从2005年3月1日起正式实施,已于2010年6月1日废止,现行标准为2010年2月26日发布、2010年6月1日实施的《房屋空气调节器能效限定

值及能效等级》（GB 12021.3—2010）。当时，标准对能效等级的判定只考量制冷能效比，制热能效比则未列入考量范围。

能效标识的底色为蓝色，顶头有"生产者名称"，"规格型号"等信息，最重要的是要看标识的中间部分，总共有5个等级标记，分别是从绿色到红色（3.4以上是一级，3.2～3.4是二级，3.0～3.2是三级，2.8～3.0是四级，2.6～2.8是五级），并在左边有信息提示从"能耗低"到"能耗高"，在右上角有明显的规格型号产品的能效等级。

标识的下部提供有"能效比"，"输入功率"及"制冷量"的具体数据。其中，"输入功率"表明了空调在标准工况下工作时所要消耗的电能，"制冷量"表示空调在标准工况下工作的制冷能力，"能效比"则可由前两者计算得出：能效比＝制冷量/输入功率。

2010年，空调标识减为3个等级，新标识如右图所示。

★ 特别提示：《重庆市居住建筑节能65%设计标准》中规定，采暖、空调设备为空气源热泵房间空调器，额定能效比取3.0。也就是说，节能65%的居住建筑，空调的能效等级要达到3级或者3级以上。

3. 什么是欧洲能效等级标识？

国产产品的节能标识使用汉字，进口产品的能效等级标识使用英文字母。

2009年11月17日，欧洲议会成员与理事会主席就白色家电新能源标识的等级达成一致。新标识允许额外等级（"A+++"为产品的最高能效等级），但能效等级的总数限制到7级。

欧盟家电能效等级一共有A、B、C、D、E、F、G共7个等级，制造商被强制要求标出产品的能耗，不管产品的能效表现良好(深绿色"A"级)，或是能效表现差(红色"G"级)。其中，最高等级A级的耗电量比同类产品节电45%以上。由于节能性能的不断提升，欧盟将在原有基础上对电冰箱、电冰柜能源标签引入A+和A++两个等级，对家用洗衣机的能效标签引入A+等级。A+等级耗电量比同类产品节电58%以上，A++等级耗电量比同类产品节电70%以上。欧盟政府对于销售能够达到A级或以上的销售商予以补贴，所以，在购买进口电器之前先要认准英文字母。

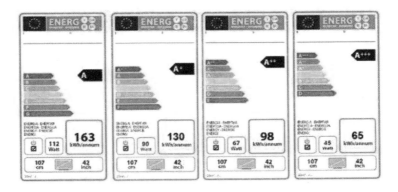

4. 如何节约家庭照明用电?

　　①一定要随手关灯。

　　②要分散布置开关，不要一个开关管多个灯，这样的话，当你在使用某一个灯的时候，就不会同时将其他暂时不用的灯打开了。

　　③充分利用室内受光面的反射性能，这样能够有效提高光的利用率，比如白色墙面的反射系数可达70%~80%，比深色的墙面更容易节电。

④灯具灯管要定期擦拭，这样能提高已有灯具的照明效率，避免污染物降低灯具的反射效率。

⑤灯罩要经常打扫，明亮、干净的灯罩也能更加省电。

⑥尽量多使用节能灯。节能灯节电效果明显，一只11瓦节能灯的照明效果与60瓦的普通灯相当，且在同等时间使用可节电78%。选择适当功率的灯，节能灯的光效一般比白炽灯高5倍；节能灯使用时要注意灯上标注的使用电压，以免电压不适使灯被烧毁；尽量减少灯的开关次数；如果在日光灯上改用新型电子振流器，耗电更少。

⑦特殊用灯巧控制。凡过道、楼梯口、门口处用的灯可考虑安装多控开关，使得楼上楼下、门里门外都可以控制开关；有的地方（特别是门头），可安装触摸型延时灯或声控灯，这样可以随手关灯以及人来开灯、人走熄灯；床头宜用变光灯，这样可根据需要调节光照效果，达到节电目的。另外，还可请专业电工操作，对楼梯口、过道处、卫生间等处用的灯，串一只晶体二极管降压使用，这样改装能节约电力，但对照明度影响不大。

5. 如何选用合适的节能灯具？

①首先要淘汰低效率灯具。在同等的照明情况下，一般一只白炽灯的耗电量是日光灯的3倍，所以建议家庭最好选择日光灯。

②白炽灯一般只适合在开闭频繁、面积小、照明要求低的情况下使用。白炽灯分为双螺旋灯丝型和单螺旋灯丝型两种，在一般情况下，双螺旋灯丝型白炽灯比单螺旋灯丝型白炽灯光通量增加10%，所以可根据需要优先选用。

③尽量选择紧凑型荧光灯，就是我们通常称的"节能灯"。紧凑型荧光灯具有光放高、节能效果明显、寿命长、体积小、使用方便等优点，它的发光效率比普通荧光灯高5%，

而细管型荧光灯比紧凑型荧光灯更加省电，它要比普通荧光灯节能10%左右，因此，紧凑型和细管型荧光灯是最为"绿色"的，是省电的高效节能电光源。

6. 如何使用节能灯?

节能灯是现在节能减排形势下普通白炽灯泡的理想替代品，不但节能省钱，而且使用时寿命更是白炽灯的好几倍。面对具有一定科技含量的节能灯，消费者在选购和使用过程中应该注意以下常识：

①节能灯不宜用在传统的筒灯灯具里。因为这些灯具容积很小，散热效果很差，容易导致灯头的塑料发黄坏掉。

②节能灯适合装在室内。如果装在室外，水蒸气会进入节能灯里面，当水汽冷凝，容易导致节能灯短路而损坏。

③不能开关过于频繁。开关灯具时使其启动电流增大，会影响灯的寿命，开关太勤将造成灯的过早寿终。平均每开关一次，灯的使用寿命大约降低3小时。

④消费者在购买时还需注意节能灯上的能效标识。根据国家规定，市场上销售的节能灯都必须贴有中国能效标识，而对于没有贴能效标识或达不到3级标识认证的节能灯产品，是不允许出售的。

⑤目前市面上绝大部分的节能灯是不可调光的。使用者需要了解的是：虽然节能灯能够替换白炽灯，但由于工作原理的不同，不能直接把普通节能灯直接用于白炽灯设计的调光系统中（如调光台灯等）。

⑥要注意节能灯上标注的使用电压，低电压的灯在高电压

电源下使用，节能灯容易烧毁。

⑦在挑选时需要认准品牌，选用劣质的节能灯反而会造成不必要的浪费。

⑧不要长期在潮湿、高温或低温条件下使用节能灯，这些恶劣的环境条件都会使灯的部件受到损坏，从而使灯的寿命受到影响。

⑨节能灯在使用很长时间以后，光通量就会大幅度下降，灯会越来越暗，这时要注意及时更换新灯。

⑩根据使用地点选择正确的使用功率，是使节能灯节能的关键。

7. 怎样使用电冰箱更节能?

①通风散热要良好，摆放位置有讲究。电冰箱最好摆放在环境温度低而且室内通风良好的位置，要远离热源，避免阳光直射。电冰箱的顶部、左右两侧及背部都要留有适当的空间，在摆放冰箱时，一般应预留两侧5～10厘米、上方10厘米、后侧10厘米的空间，可以帮助冰箱散热。另外，电冰箱不要与音响、电视、微波炉等电器放在一起，因为这些电器产生的热量会增加冰箱的耗电量。

②开门关门须谨慎。在平时存取食物时，尽量减少开门次数和开门时间，因为开一次门使冷空气散开，压缩机就要多运转数十分钟，才能恢复冷藏温度。正确的存取食物方法是：在存取食物时，要尽量减少开门次数和开门时间，开门和关门动作要快，开门角度应尽量小，并尽量有计划地一次将食物取出或放入，避免过多热气进入冰箱内。停电时，更要减少开关次数，以减少冷气散失。

③食品进柜先冷却，反复冷冻要避免。要等热的食品冷却后，才能放进电冰箱。因为热食品含热量较高，会使电冰箱

内温度快速上升，还会增加蒸发器表面结霜厚度，导致压缩机工作时间增长，增加耗电量。对于那些份量较大的食物，可根据家庭每次食用的份量分开包装，一次只取出一次食用的量，而不必把一大块食物都从冰箱里取出来，用不完再放回去。反复冷冻既浪费电力，又容易对食物产生破坏。

④水果入袋免除霜。水果、蔬菜等水分较多的食品，应在洗净沥干后，用塑料袋包好放入电冰箱，以免水分蒸发加厚霜层，这样可以缩短除霜时间，节约电能。

⑤食物存放要适量。食品存放不要过多过紧，这样会影响电冰箱内空气的对流，食物散热困难，影响保鲜效果，且增加压缩机工作时间，使耗电增加。冷冻库内只存放近1～2个星期要吃的食物。另外，不要放置食物挡在冷气出风口处，以免影响电冰箱内温度。在冰箱里放进新鲜果菜时，一定要把它们摊开。如果果菜堆在一起，会造成外冷内热，就会消耗更多的电量。因此，冷藏物品不要放得太密，要留下空隙利于冷空气循环，这样能使食物降温的速度比较快，减少压缩机的运转次数，节约电能。

⑥冬季夏季勤换位。调整电冰箱调温器旋钮是节电的关键，冬季调温旋钮转至"1"的位置，夏季调至"4"的位置，这样可以减少电冰箱的启动次数，有利于节电。另外，冷藏室的温度定为8 ℃比定为5 ℃每月会少耗电10多度，而且保温效果好，一般食物保鲜8～10 ℃为最佳。

⑦制作冰块趁夜间。夏季制作冰块和冷饮应安排在晚间。晚间气温较低，有利于冷凝器散热，而且夜间较少开门存取食

物，压缩机工作时间较短，节约电能。

⑧清洁除霜是关键。经常清洗电冰箱，保持内部清洁，防止因通风不畅和冷凝器、压缩机的表面出现灰尘影响电冰箱散热，可缩短压缩机工作时间，节约电能。电冰箱内蒸发器表面霜层达5毫米以上时就应除霜。此外，电冰箱内照明灯如有可能也可取下不用。

⑨冷冻室中的冰块应该放在冷藏室温控器附近，这样可以减少冰箱的启动次数。冰冻了的食物的解冻方法有水冲、自然解冻等几种，解冻都需要一段时间。在食用前几小时，可以先把冰冻食物从冷冻室里"转移"到冷藏室里，因为冰冻食品的冷气可以帮助保持温度，减少压缩机的运转，从而达到省电目的，而且由于自身释放了"冷气"，又达到了解冻的目的。

⑩当冰箱封条老化变形的时候，只要用电吹风将封条吹热至重新鼓起，冰箱门自然就能关严实了，也省电多了。

8. 如何选购节能空调？

1）看能效比选节能空调

空调能效比是指空调制冷（热）量与输入功率的比值。空调的能效比越大，说明其更加节能。若两台空调的耗电量相同，则能效比高的空调能产生更多的冷（热）量。目前，绝大多数厂家并未把能效比的具体数值标注在空调铭牌或产品说明书上，消费者可以根据铭牌或说明书上标注的制冷量和输入功率自己动手计算能效比[制冷（热）量除以输入功率算出能效比]。其中，采用直流变频技术空调的节能效果最为明显，最高可达48%。

空调能效比共分为5级，其中1级为3.4，表示能源效率最高，5级为2.6，表示能源效率最低。同功率的空调器，能效比每提高0.1，一般可节电3%～4%。

2）明确"匹数"概念，选择合适的空调

专业来说，空调中"一匹"的准确含义是制冷量为每小时2 500瓦。消费者在选购空调时，不要只看商家介绍的匹数，而应该直接看产品铭牌上标定的功率。根据房屋结构不同，消费者可以依据房屋面积，按每平方米每小时100～130瓦，选择适合房间的空调。不同的房间大小，应搭配不同功率的空调。一般来说，12平方米左右的房间可以装1匹空调，18平方米左右的房间可以装1.5匹空调，28平方米左右的房间可以装2匹空调，40平方米左右的房间可以装2.5匹空调，50平方米左右的房间可以装3匹空调，70平方米左右的房间可以装5匹空调。

3）按照制冷量计算看功率选空调

制冷量越大，制冷效果就越好，但是也会越费电。所以在选择空调的功率时，一定要按房间实际情况，计算着买。我们以层高2.5米的房间为例计算：制冷量＝房间面积×（140～180瓦）；制热量＝房间面积×（180～240瓦）。也就是说，一间15平方米以下的居室，选择2 300瓦（小1匹）至2 500瓦（1匹）的空调即可。另外，如果在朝阳、通风不畅或是外墙较多的房间，所选空调的功率应适当放大。

4）按照户型挑选空调类型

如果是四四方方的客厅，最好选择噪声较小的分体壁挂型空调；如果是长条形的房间，应该考虑安装风力更强、送风更均匀的柜机；如果住所冬季的室外温度非常低，就不能选择热泵型冷暖空调，而最好是电辅助加热型冷暖空调；如果两个房间相邻且面积相当，还可以选择一拖二型的空调器。

5）选择有送风模式的空调更省电

有送风模式的空调比普通空调要省电两成以上。要注意，根据暖气流上升、冷气流下降的原理，将空调的出风口调到制热向上、制冷向下的位置可省电。

9. 如何使用空调更节能?

空调使用要注意几个方面：

①温度设置。如果房间初始温度高的话，采用强冷功能设置为16～18 ℃，待室温降下来后（一般1小时左右），晚间睡觉可调至26 ℃，因为通常情况下26 ℃最省电（当然，是在温控器没有损坏的情况下）。

②房间密闭。大家都知道冷空气比热空气重，冷气会下沉。因此，房间门窗设计不要留缝隙，装有空调器的房间不要频繁敞开门窗，防止冷热气外流。

③合理使用定时功能。晚间睡觉时，可合理设定开机时间。其实如果温度设定期合理，降温后室外压缩机不工作时，室内机用电量是相当小的，和一台风扇差不多。因此，要尽量使用空调的睡眠功能或经济运行功能，这样有省电的效果。出门时还可提前几分钟关空调，空调房间的温度并不会因为空调关闭而马上升高。

④定期清洗过滤网及室外散热器，最大限度利用冷热交换功能。定期清洗滤网，并请专业人士定期清洗室内和室外机的换热翅片，可提高空调运转效率。

⑤关闭空调器后，要关掉插座电源。带遥控功能的空调一般有8瓦左右的待机功耗，长时间不用空调，要切断电源，防止空耗。

⑥室外机要安装在不受阳光直射的地点，并保持风口气流畅通。

⑦夏季使用空调时可配合电风扇。电风扇的低速运转可加速气流循环，提高制冷效果，在这种情况下可适当提高空调的设定温度，既有舒适感，又节电。电风扇的耗电是空调的5%～10%。天气不太热时，也要尽量使用电风扇。

⑧不要频繁启动压缩机，停机后必须隔3分钟以后才能开机，否则易引起压缩机超载而烧毁，且耗电多。新风开关不要常开，否则冷气会大量外流，浪费电能。

⑨夏天使用空调器的温度不要低于26 ℃。低于26 ℃时，空调器进入低效率的工作状态。空调使用时夏季温度最好设定在26～28 ℃，冬季设定在16～18 ℃。另外，温度调到与外界温度差4～6 ℃时最省电，对人体也最适宜。

⑩空调制冷时不要让阳光直射屋内。窗口应遮阳（窗外遮阳效果好于窗内遮阳），但不要让遮阳篷堵住进风通道。空调室外机已有防水功能，不用安装雨篷，雨篷会影响散热，增加电耗。

做到以上几点，会使你节约不少电费哦，当然最省的是不用空调。

10. 如何使用洗衣机更省电？

①买洗衣机一定要认清能效等级标识，选择高等级、节能型的洗衣机，每月至少能节省一半的水和电。也就是说，相同的用水、电量，节能型洗衣机可以多洗一倍的衣物。

②洗涤时间要合理。根据衣物数量和脏污程度确定洗衣时间：一般合成纤维和毛织品，洗涤2～4分钟；棉麻织物，洗涤5～8分钟；脏衣物洗涤10～12分钟。洗涤后漂洗的时间为3～4分钟即可。

③合理选择洗衣机的功能开关。洗衣机的强、中、弱三种洗涤功能耗电量不同。一般丝绸、毛料等高档衣料，只适合弱洗；棉布、混纺、化纤、涤纶等衣料，可采用中洗；只有厚绒

毯、沙发布和帆布等织物才采用强洗。另外，巧用"强洗"与"弱洗"功能可省电。对易清洗的衣物而言，"弱洗"较为省电，但一般情况下，"强洗"比"弱洗"更加省电。因为在同样长的洗涤周期内，"弱洗"比"强洗"改换叶轮旋转方向的次数要多，开开停停次数多，电机重新启动的电流是额定电流的5～7倍，所以"弱洗"反而费电，"强洗"不但省电，还可延长电机寿命。

④洗涤物要相对集中，这样有利于洗涤过程的平稳，比较省电。最好采用集中洗涤、分开漂洗的方式，即一桶含洗涤剂的水，可连续洗几批衣物（洗衣粉可随之增添），待全部洗完后再逐一漂洗，这样可省电、省水，还省洗涤时间。

⑤经常检查洗衣机皮带的松紧度。洗衣机使用3年以上后，带动机器的皮带波轮会打滑。打滑时，洗衣机的用电量不会减少，但洗衣效果变差。因此，及时收紧洗衣机皮带，也能节电。

⑥采用低泡洗衣粉可省电。优质的低泡洗衣粉有极高的去污能力，漂洗时也十分容易，一般比高泡洗衣粉可减少1～2次漂洗流程。另外，应掌握好洗衣粉的投放量，太多了既浪费，又需要多漂洗。一般按照用水量来计算，洗衣粉的浓度最好在0.1%～0.3%。

⑦衣物提前浸泡15分钟，可提高洗净效果，同时省电。可以把衣物的一些容易脏的部位如袖口、领子等处先搓洗几下，这样就可以减少衣物在洗衣机中漂洗的次数。还可根据脏污的程度选择不同的洗涤时间，有利于节电。

⑧恰当掌握脱水时间。由衣物种类脱水时间、脱水率曲线可知，各类衣物在转速1 680转/分钟情况下脱水1分多钟，脱水率就可达55%，此后脱水率提高很少，故洗衣脱水1分多钟就可以了。

⑨最好购买脱水转速高的洗衣机，以一个洗涤容量为5千克的滚筒式洗衣机为例，转速为1 200转/分钟的洗衣机比转速为1 000转/分钟的洗衣机要少用8升水。

11. 电热水器的使用窍门有哪些?

最好定期清洗热水器的内胆水垢，不仅能提高热效率，节省电能，同时还可延长电热水器的使用寿命。同时，应注意以下几点：

①选择高品质、信誉好的电热水器。

②选择保温效果好，带防结垢装置的电热水器，还可以给电热水器包裹隔热材料。有些电热水器缺少隔热层，如果家用电热水器的外表面温度很高，不妨自己动手"修理"一下——包裹上一层隔热材料来减少热量的损失。

③使用电热水器应尽量避开用电高峰时段，夏天可将温控器调低，改用淋浴代替盆浴可降低费用。执行分时电价的地区，在低谷时开启，蓄热保温，高峰时段关闭，可减少电费支出。

④淋浴器温度设定一般在50~60 ℃，不需要用水时应及时关闭，避免反复烧水。

⑤如果家中每天都需要使用热水，并且热水器保温效果比较好，那么应该让热水器始终通电，并设置在保温状态，这样不仅用起热水很方便，而且还能省电。因为保温一天所用的电，比把一箱凉水加热到相同温度所用的电要少。

12. 电饭锅如何使用才能省电?

①烹煮食物时,要依照家庭人口数及饭量,选购适当容量的电饭锅。避免电饭锅过大,这样会因散热面积大,平白消耗电能。

②使用700瓦的电饭煲比500瓦的电饭煲更省时、省电。

③饭前最好把米淘净后在清水中浸泡15分钟左右,然后再下锅,这样可大大缩短煮饭的时间,且煮出的米饭特别香。

④充分利用电热盘的余热。当电饭锅中的米汤煮沸时,可关闭电源开关8～10分钟,充分利用电热盘的余热后再通电。当电饭锅的红灯熄灭、黄灯亮时,表示米饭已经熟了,可关闭电源开关,利用电热盘的余热保温10分钟左右。

⑤避免高峰用电是最好的节电方法。同样功率的电饭锅,当电压低于其额定值10%时,需要延长用电时间12%左右,所以在用电高峰的时候最好不用或少使用电饭锅。

⑥电饭锅切勿当电水壶用。同样功率的电饭锅和电水壶烧一瓶开水,电水壶只需要用5～6分钟,而电饭锅需用20分钟左右。

⑦经常保持内锅外锅清洁,保持内锅和热盘接触好,保证传热好。电热盘长时间被油渍污染附着后会出现焦炭膜,影响导热性能,增加耗电,所以电热盘要时常保持清洁。

⑧煮饭时可用热水或温水,这样煮饭可节约电能30%。锅上盖一条毛巾,可以减少热量损失,起到一定保温作用。

⑨电饭锅用完后要及时拔下插头,否则锅内温度降到70℃以下时会自动通电。

13. 如何使用微波炉更节能?

①选购微波炉时,功率应视家庭人口而定,一般3人选用500瓦,5人以上选用800瓦。

②一次烹调的菜肴数量不要太多,以不超过500克为好;

并要根据不同食品选用不同档位。

③使用微波炉应掌握菜肴的烹调时间，减少停机查看的次数，做到一次启动就烹调完毕。

④保持箱内清洁，尤其是风口和微波口的清洁。

⑤冷冻食品尽量不用微波炉解冻，可预先放入电冰箱冷藏室内慢慢解冻，解冻后再进行烹调。

⑥在用微波炉加热的时候，最好在食物上加保鲜膜或盖子，这样不但食物的水分不会蒸发、加热快、节省电能，而且味道好。

⑦具有烤箱功能的微波炉在烤制食品时应一气呵成，不要在烤完很久后再烤第二箱。

⑧有电子数字显示的微波炉在使用后应切断微波炉的电源，这样可以节约待机时的能耗。

14. 如何使用电熨斗更节能？

①熨衣服前3分钟通电，可使电熨斗温度恰到好处。

②使用蒸汽电熨斗时加热水，省电又省时。

③熨衣物时，应根据衣物的质地不同，使用合适的温度。先熨比较容易熨的、需要温度较低的尼龙、涤纶类织物，后熨需要温度较高的棉、麻、毛类织物。

④每次熨衣服时，以去除织物皱痕为准，不宜熨过长时间，以去除织物皱痕为准。绢物或化学纤维类衣服一经受热，皱痕即消失，故最佳方法是拔出插头，切断电源，利用余热熨烫。

⑤选购电熨斗最好买能够调温的。功率宁可大一些，而不宜选功率较小的，如：买500瓦或700瓦调温电熨斗，这种电

熨斗升温快，达到使用要求后能自动断电，不仅能节约用电，而且能保证熨烫质量，节约时间。

15. 如何使用抽油烟机更节能?

①在厨房做饭时，应合理安排抽油烟机的使用时间，以避免长时间空转而浪费电。如果每台抽油烟机每天减少空转10分钟，1年可省电12.2千瓦时，相应减少二氧化碳排放11.7千克。如果对全国保有的8 000万台抽油烟机都采取这一措施，那么每年可省电9.8亿千瓦时，减排二氧化碳93.6万吨。

②抽油烟机使用一段时间后会附着很多油垢，这时如果清洗方法不得当，频繁拆洗抽油烟机会导致零件变形，从而增加阻力，增加电能消耗。专家提醒：清洗抽油烟机时，不要擦拭风叶，可在风叶上喷洒清洁剂，让风叶旋转甩干，以免风叶变形增加阻力。不要将抽油烟机当换风设备用，在有油烟产生时才开启抽油烟机。

③做饭时尽量使用抽油烟机上的小功率照明，关闭房间其他电源。

16. 如何合理使用燃气灶?

①燃气灶表面（包括炉头部分）一定要按照说明书的要求定期清洗。另外,使用燃气灶时一定要开窗通风,保持室内流通。

②燃气灶的回火对灶的损伤很大，如果打开燃气灶时听到燃气声很响，火焰像柴火一样参差不齐，这种现象就是回火。对付回火的办法只需将开关关上，然后再重新打开即可。

③必须定期检查燃气导管的连接是否稳固、燃气导管自身

是否有老化和漏气的现象，如有此类情况要马上更换。一般情况下，一根胶管的使用年限为两年。另外，胶管使用时不可被扭曲、压扁，这样会造成气小或供气中断的现象。

④燃气管上的灶前阀门要随用随开，用后即关，要按照说明书的要求适时调节位于产品底部的风门，以保证燃气充分燃烧，使产生的一氧化碳气体减少，保护身体健康。

17. 炒菜做饭，如何节约燃气?

①做饭应先将准备工作做好，炒菜时一气呵成，可大大节约煤气的使用。

②如果锅底有水的话，先抹干后再放在火上烧，这样不仅能节约煤气，还可减少有害气体的产生，而且能延长灶具的寿命。

③炒菜时，开始下锅的时候火要开大些，火焰要覆盖锅底，等菜熟时就应及时调到小火，盛菜时将火减到最小，直到第二道菜下锅再将火焰调大，这样既省煤气，也减少空烧造成的油烟污染。

④火焰的大小要经常调节。如炒菜、蒸馒头等该用大火的时候就用大火，如熬汤、烙饼等该用小火的时候就用小火。要根据使用情况，随时调节火焰大小，该停就停，不要将火点着以后就一烧到底。

⑤在蒸东西时，蒸锅的水不要加得太多，一般以蒸好后锅内剩下半碗水为标准。

⑥烧开水时，水越接近沸点，需要的热量越大，所消耗的燃气就更多，所以，在烧热水时，不要将水烧开后再兑冷水。烧开水时，火焰最好大一点，可缩短烧水时间，减少向周围空气中散失的热量，从而省煤气用量。要计算好热水的实际使

用量，不要每天都将家中所有的热水瓶灌满开水，如果用不完第二天就只能倒掉。

⑦选择适当的锅，锅的大小根据所煮东西多少来定，不要用大锅煮很少的东西。煮东西时一般选用锅底较大的平底锅为好。

⑧烹饪中，尽量多用高压锅，可以节约时间和煤气，还可以减少食物中一些营养成分的损失。

⑨熬绿豆汤时，绿豆要事先用凉水浸泡，然后放入锅内，倒入开水，几小时后绿豆就煮开花了，汤也熬好了。煮鸡蛋时，鸡蛋煮到七成熟时关火，鸡蛋在开水中焖两分钟就熟透了，而且口味更好。

⑩经常检查灶具燃烧情况。看火焰是否保持正常燃烧，如果火焰发黄、发软，则应将风门调大一点；如果火焰短而跳动，并离开燃烧器火孔，则应将风门调小一点。正常的火焰应该是蓝色的，燃烧有力、不发软、不发飘、火焰内芯清晰、不连焰、不脱离燃烧器的火孔。

18. 如何一水多用更节约?

①将洗衣水统一收集在一个桶里，用来冲马桶。

②喝完茶后，残余的茶水不要倒掉，用来擦洗门窗和家具，效果很好。

③养鱼换出的废水里有大量鱼的粪便，营养价值很高，可以用来浇花。

④淘米水有去污、解毒的功能，用来洗碗十分有效，而且将蔬菜、瓜果之类的食品放在淘米水中浸泡几分钟，可有效消毒，对人体健康有益。

19. 厨房如何节水?

①尽量缩短水龙头开关的时间，最好将全转式水龙头换成

1/4转水龙头，控制水流量。

②碗筷、蔬菜等要放在盆槽内洗，不要直接对着水龙头冲洗，避免增加水流量。

③洗米水、煮面水可用来洗碗筷，而洗菜水则可用来浇花、拖地板。

④可先用纸巾将油腻的锅碗残油擦掉后，再用清水来洗。

⑤解冻食物不要用水冲，提早将食物由冰箱冷冻室中取出，放到冷藏室解冻，就不会浪费水。

20. 卫生间如何节水？

①如果是新房，最好安装节水型马桶。

②如果厕所的水箱过大，可以在水箱里面放一只装满水的大可乐瓶，这样可以减少冲水的量。

③要经常检查水箱的进水口和出水口，如果发现水箱有漏水情况要马上维修。

④不要将烟灰、剩饭、废纸等倒入马桶，因为这些东西不容易被水冲掉，往往要冲好几次。

⑤洗澡时，准备一个水桶将洗完的废水收集起来，可用来冲马桶。

⑥在洗澡之前，最好掌握好冷热水之间的比例，不要等开完喷头再开始调温，让水白白流失。

⑦如洗盆浴，浴缸里的水不要放得太满，一般放1/3～1/4就已足够了。

⑧不要长时间冲淋，可安装节水型的喷头。

⑨家里有多人洗澡的时候最好能一个接一个洗，这样热水就不会冷掉，第二个人洗澡时就不用放掉冷水了。

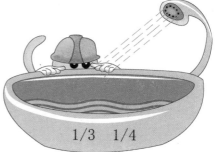

1/3　1/4

4. 办公节能篇

1. 如何让手机电池用得更久？

①操作完毕后快速锁闭键盘，以求快速关闭背光灯。

②将背光超时设置为不影响使用的最短时间，不要设置也不要使用动画屏保，因为这东西除了好看没有什么用，它会拖延屏幕完全关闭的时间。

③重要的和常用的资料（包括主题铃声），尽量存于机身内存，因为随时会调用，放在卡内会延长读取存入时间，耗费更多电力。

④不需要卡时就不要插上，没插卡的机器会比插卡的快，插小卡会比大卡快。

⑤尽量减少开关机次数，睡觉前把机器设到关闭发射器模式，比关机省电。

⑥打电话需要好环境。在恶劣的天气、密封的空间、各种信号不好的环境中，手机需要加大功率与通信基地台保持联系，以确保信号的正常传输，在这个过程中会导致耗电量的增加。因此，不要在信号差的地方通话，尽量减少高速移动的时候使用通讯功能。

⑦可选用手机节电模式，将手机声音调低一点，减小铃声音量，或者不使用来电铃声，而是启动来电震动（甚至不使用震动和来电灯光指示）。不要用来电大头贴，不要用分组铃声，简单最好。

⑧手机的使用温度应控制在0～35℃之间，太高或者太低都会伤害电池寿命。

⑨调低屏幕亮度和对比度，关闭显示屏或按键的照明，无关功能尽量少用，关掉背景灯或对其限时。尽量减少手机翻盖频率，最好为手机配上耳麦。

⑩电池的使用也要注意，别把电池扒光外皮，露出金属外壳，这样更容易造成电力流失，并可能引发危险情况。

⑪尽量为常用功能设置快捷方式，力求快捷启动，减少等待时间，慎用后台运行软件。

⑫双网络机器（特别是3G、2G双网络模式的机器），建议在内地只开GSM模式，将运营商设定为你所用的那个，不要设置成自动选择，这样没信号的时候它就不会乱搜索其他网络了，也将减少手机耗电。

⑬用相对小容量的SIM卡，并尽量不要在SIM卡中保存太多信息。

⑭正确充电。手机充电指示灯变绿后要停止充电。手机待机时也要耗电，所以快速充电前要关闭手机。

2. 在使用电脑的时候如何做到省电?

①显示屏能关就关，不能关也要适量调低亮度。关掉显示屏不仅能降低CPU的直接功耗，而且还能让电脑的发热量降低，使系统风扇变得更加缓慢。电脑的显示屏是个耗电大户，选择显示屏的尺寸越大，意味着消耗的能源也就越多，17英寸的显示屏就比14英寸的显示屏多耗电35%，所以从节能的角度考虑，显示屏不要一味贪大。显示器的分辨率与能耗成正比，分辨率设置得高，能耗也会增加。如果只是用来打字上网，将显示分辨率调整到800×600就够了。另外，使用液晶显示器比较省电。

②拔去类似PC卡、USB等接口的多余外部设备。外置光驱不用的时候，尽量把它拔掉，因为即使没有使用，光驱也一样会消耗电力。因此，办公电脑应尽量选用硬盘。要看DVD或者VCD，不要使用内置的光驱和软驱，可以先复制到硬盘上面来播放，因为光驱的高速转动将耗费大量的电能。

③电脑暂时不用时，可设为睡眠和待机状态。将电脑设为睡眠模式，电脑在不用时即进入低能耗模式，此时硬盘停止转动，可以将能源使用量降低到一半以下，但当前运行的信息仍保存在内存中，需要使用时就可以"瞬间复活"继续工作。当然，每天下班或者睡觉前关电脑时应随手关掉电源、拔掉插头，否则电脑会有4.8瓦的能耗流失。

④要经常对电脑进行保养、防潮、除尘。机器集尘过多将影响散热效率，显示器集尘将影响亮度。定期除尘，卫生环保。

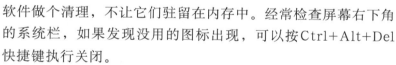

⑤使用笔记本电脑比PC机使用能源约少90%。

⑥要养成定期整理清洁系统的习惯，把那些并不常用的软件做个清理，不让它们驻留在内存中。经常检查屏幕右下角的系统栏，如果发现没用的图标出现，可以按Ctrl+Alt+Del快捷键执行关闭。

3. 如何使用笔记本电脑更省电？

①合理选择Windows电源管理模式。将关闭监视器、关闭硬盘、系统待机时间选得越短越好，这样如果在选定的时间内不用电脑，你的笔记本电脑就会处于待机状态。

②看到电力不足的信号时，让机器一直运行，自然放电，直至其电池电量完全耗光、电脑自动关机后再继续充电。在电脑供电稳定状态下，建议将电池取下，单独使用电源适配器。

③合理设置屏幕亮度。降低屏幕亮度可以非常有效地减少功耗，延长电池使用时间。

④DDR内存比SDRAM省电。

⑤将暂时不用的设备和软件关闭。

4. 如何合理节省地使用打印机?

①选择实用的打印模式。根据具体需要，自行设置较为适当的打印模式，既能保证打印质量符合打印的实际要求，又能充分降低墨水的耗费。

比如，运用草稿模式，打印机省墨又节电。在打印非正式文稿时，可将标准打印模式改为草稿打印机模式。详细做法是在执行打印前先打开打印机的"属性"对话框，单击"打印首选项"，其下就有一个"模式选择"窗口，在这里我们可以打开"草稿模式"（有些打印机也称之为"省墨模式"或"经济模式"），这样打印机就会以省墨模式打印。这种方法省墨30%以上，同时可提高打印速度，节约电能。打印出来的文稿用于日常的校对或传阅绰绰有余。

②巧妙设置页面排版。打印文件内容尽量集中到一个页面上，合理使用页面排版，然后再结合经济模式，墨水就省得更多。

③尽量集中打印。打印机共享，节能效更高，将打印机联网，办公室内共用一部打印机，可以减少设备闲置，提高效率，节约能源。打印机每启动一次，都要进行初始化、清洗打印头并对墨水输送系统充墨，这个过程要对墨水造成浪费，所以如果能够将需打印的东西集中到一起进行打印，既保养了机器，又能节约墨水。

④正确选用兼容墨水。如果墨水用完了，将兼容墨水填充到原装墨盒里，而不要换掉墨盒，这样就能避免非原装墨盒对机器造成的损坏风险。

⑤打印尽量使用小号字。根据不同需要，所有文件尽量使用小字号字体，可省纸省电。

5. 如何节约办公用纸？

①公文用纸、名片、文化宣传用品及其他用纸尽量采用双面印刷，并印刷适量。

②在打印机旁备一个废纸储存箱，可以重复利用的打印纸一定要重复利用，不能再利用的各种废纸一定要收集起来卖给回收商，不管钱多少，节约最重要。

③尽量使用电子文件、电子书刊，减少纸的用量。

④用过的牛皮纸袋尽量反复使用。

⑤复印打印用双面，边角余料巧利用。复印、打印纸用双面，单面使用后的复印纸，可再利用空白面影印或裁剪为便条纸或草稿纸。纸张双面打印、复印，既可以减少费用，又可以节能减排。如果全国10%的打印、复印做到这一点，那么每年可减少耗纸约5.1万吨，节能6.4万吨标准煤，相应减排二氧化碳16.4万吨。

⑥尽量使用再生纸。公文用纸、名片、印刷物，尽可能使用再生纸，以减少环境污染。用原木为原料生产1吨纸，比生产1吨再生纸多耗能40%。使用1张再生纸可以节省约1.8克标准煤，相应减排二氧化碳4.7克。如果将全国2%的纸张使用改为再生纸，那么每年可节能约45.2万吨标准煤，减排二氧化碳116.4万吨。

6. 如何节约其他办公用品？

①工作人员使用自己的玻璃杯、磁杯，纸杯主要供访客使用。

②尽量避免购买使用一次即丢的物品，如免洗餐具、纸杯、纸巾、塑料袋等物品，并请尽量选择购买再循环物制成的设备和用品。

③购置可换笔芯的原子笔或钢笔作为书写工具，减少一次性签字笔的使用。

④尽量使用回形针、大头针、订书机来取代含苯的胶水。

⑤选择合适尺寸的包装箱，减少发泡填充物的使用。可以将报纸撕碎用作包装箱内的填充物，提倡重复使用包装箱。

⑥提倡设立简单的办公回收系统，回收各类办公用纸、玻璃瓶、铝罐等。

7.怎样使电梯能耗降低?

为电梯安装群控装置可以降低电梯的能耗。

另外，倡导行为节能，人人参与，尽量做到：如果电梯型号老、能耗高，则应该及时更换新型节能电梯。

建议多爬楼梯，少乘电梯，特别是上一两层，下两三层的时候。对于多部独立控制的电梯，白天除上下班高峰期或特殊需要外，应根据客流量关闭其中部分电梯；晚间、周末、节假日等非工作时间可只开放应急电梯。

8.如何合理使用办公室空调?

①选择新型空调设备。在办公楼改造过程中，以全新的节能型设备，代替陈旧的空调设备，如考虑使用热回收型冷水机或热泵机组，在提供冷气的同时，还能利用回收的废热将水加热，可大幅提高能源利用效率。

②要在下班前20分钟关闭空调。办公室内的温度在空调关闭后将持续一段时间，下班前20分钟关闭空调，既不会影响室内人员工作，又可节约大量的电能。空调节能温度，夏天保持在26~28 ℃，冬天16~18 ℃。

③夏季空调高1 ℃，如果每天开10小时，则1.5匹空调机可节电0.5千瓦。空调温度调高，还可以减少许多温室气体的

排放，同时还可以减少煤炭消耗。

④在空调关闭后，或者把插头拔掉，或者把插电板的电门关上。

9. 如何控制会议室能耗?

控制会议室能耗要尽量控制会议数量，提倡开短会，应尽量压缩会议时间和规模；对确实需要举办的会议，应坚持勤俭办会的原则，严格控制参会人数和住宿标准，以降低会议成本，防止铺张浪费。

10. 如何做到办公室灯具节能?

①提倡使用节能灯具，使用电子镇流器代替电感式镇流器、以节能灯代替白炽灯，可节省高达70%~80%的电力。一只11瓦节能灯的照明效果，顶得上60瓦普通灯泡，而且每分钟都比普通灯泡节能80%。如果全国使用12亿支节能灯，节约的电量相当于三峡水电站的年发电量。

②在日常办公过程中，应该尽量做到：养成随手关灯的好习惯，人走灯灭，杜绝长明灯。

③办公室照明应根据工作需要实行分区调节，不要用一个开关控制所有的灯。当自然采光照度充足时或者没有人办公时要及时关灯。楼道、门厅、庭院、卫生间等公共区域照明要使用声控、光控和时控等自动控制设备。

④合理设置灯具数量，积极使用太阳能灯、无极灯等先进照明技术。适当放低灯具高度可以减少灯具瓦数。为灯配上合适的反射器可以提高照度，利用室内墙壁反光可以提高照度20%左右。

⑤在白天阳光充足的时候，靠近窗户的位置应充分利用自然光，减少人工照明。

⑥如果单位有景观照明需求，应提倡LED（发光二极管）的应用。景观照明往往需要发出各种颜色，许多地方还采用普通照明加滤光片的方法来达到效果，这无疑使光效大大降低，LED本身就可以发出所需要的单一光色，而且寿命是普通白炽灯的几十倍。

11. 如何既节能又能保证办公室通风质量？

①安装自控装置。在使用率低的区域(例如会议室)，可安装在场传感器，自动控制空调的开关。

②优化用能设备的运行时间和参数。其实并不是每个用能设备都是上班就开，下班才关的，有的设备每天只使用几个小时却保持8小时甚至24小时连续运行。应仔细研究各用能设备（不要放过哪怕一只小小照明灯）何时必须使用，何时可以降低负荷使用或者关掉。

③利用夜间自然冷风预冷房间。可在夜间最低温度较低的情况下，预先进行通风换气，利用建筑物自身的结构蓄冷。此方法除了减少能耗外，还可以保持室内良好的空气质量。

④过渡季节靠新风制冷。大多数商务写字楼由于内部的热源(如人、计算机、照明等)，在过渡季节亦需要进行冷却，可利用较冷的室外空气来满足全部或部分制冷需要，从而减少系统制冷所需的能源，这种冷却方法亦称作"免费空调"法。

⑤清洁空调水系统。水系统清洗的目的是为了保证冷冻水和冷却水的换热效率能够保持设计状态，当冷冻水和冷却水的进回水温差偏离设计值时（通常为 5 ℃），就要考虑水质是否存在问题。

⑥调整气压平衡，使房间保持微正压，避免大量冷、热空气散失。如果建筑物处于负压运转状态，会导致室外空气通过大门、窗户及其他开放处进入楼内，从而使舒适度降低；并

且，由于需要对这些空气进行调节而增加了能源消耗。为了防止此现象的发生，应调整楼内空气的排出及新鲜空气的吸入，使楼内气压保持略微正压状态。

12. 办公室应如何合理节水?

①假如烧5 kg的水，冷水温度是20 ℃，那么采用不同的方式，需要的花费如下：

•用石油天然气加热，热效率55%，需要0.072 kg天然气，加上水的成本也就2~3毛钱。

•用电热壶，用电效率75%，需要用电0.62千瓦时，加上水的成本，也就3~4毛钱。

•如果喝桶装矿泉水（20升）中的5 kg呢？即便不加热，也需要2~3块钱啊！

②少喝瓶装水。全世界每年瓶装水的消费量迅速增长，不仅导致大量的能源消耗，也产生了许多不必要的垃圾。

瓶装水的出现有其必要性与合理性，但在正常情况下滥用瓶装水是不可取的，因为与自来水厂供应的普通饮用水相比，瓶装水的确耗费了更多的能源。所以如无必要，在办公室、家里，应尽量少用瓶装水。开会时宜提供容量小的瓶装水（如355毫升装），不买或少买容量大的（如625毫升装）。因为许多会议参加者常常是喝几口就不喝了，提供容量大的瓶装水太浪费。

③如果单位提供了热水供应，则应控制洗手热水温度。有些办公楼宇供应60 ℃左右热水用于洗手，由于热水管路较长，管路的散热损失不小，建议将热水温度控制在45 ℃以下，这样更为经济节能。

④饮水机在需要热水或冷水时才打开电源，通电加热（制冷），其他时间关闭电源开关。要经常清洗饮水机内胆，防止结垢影响热效率。

13. 使用单位公车应注意什么?

①首先提倡使用清洁汽车。清洁汽车是对环保经济型一类汽车的统称。与传统的燃油车辆相比,清洁汽车能耗低、污染物排放少。按照所使用的燃料和驱动方式不同,清洁汽车可以分为电动汽车、燃气汽车、改良燃料汽车、醇类汽车和其他能源汽车。

②其次,应注意以下几点:

•对有问题的车辆及时修理,保证车辆不排放多余尾气。

•司机在停车等候时,最好关掉发动机。

•出车时走行车距离最短的路线,并避开拥堵路段。

•少开空调,多吹自然风。即使需要开空调时也要调到适当的温度,把空气循环系统设定在车内循环档,当车内温度足够时,就暂时关掉空调。

•如果不是在高速公路上,开车以时速80千米时最省油,比时速100千米省油10%左右。

•使用黏度低的发动机油,黏度越低越省油。

•不随意更换轮胎。轮胎越宽,阻力越大,耗油越多。轮胎气压不足也会增加耗油。

•合理保持车距,不频繁制动,既安全又省油。

•如无必要,高速行驶中尽量不要打开车窗,减少风阻可以省油。

•不要猛踩油门来加速,这会大大增加耗油,却省不了多少时间。猛刹车比急加速更费油。

•如果可以,请选择交通信号灯较少的、双快速车道为主的行车路线,避免了走走停停,既省时间又省油。

•按国家规定一卡一车购油,定点维修与保养车辆。

•在新购置车辆时,鼓励购买小排量汽车。

•鼓励多人合用车辆。

5. 实用环保知识

如何选择低毒性涂料

1. 室内最常见的污染有哪些?

2003年3月1日正式实施的我国第一部《室内空气质量标准》，把室内环境污染按照污染物的性质分为三大类。

第一大类——化学污染：主要来自装修、家具、玩具、煤气热水器、杀虫喷雾剂、化妆品、抽烟、厨房的油烟等；

第二大类——物理污染：主要来自室外及室内的电器设备产生的噪声、光和建筑装饰材料产生的放射性污染等；

第三大类——生物污染：主要来自寄生于室内装饰装修材料、生活用品和空调中产生的螨虫及其他细菌等。

这些有害物质相互影响会加重室内污染对人们健康的危害，比如室内空气中的化学性污染会对人的皮肤黏膜和眼结膜产生刺激和炎症，甚至会麻痹呼吸道纤毛和损害黏膜上皮组织，在这种情况下人体对疾病的抵抗力就会大大减弱，使病原微生物易于侵入并对人体健康造成危害。所以，我们要注意室内的环境污染，特别是入住新房和新装修的家庭更要注意。

2. 什么是甲醛? 室内环境中的甲醛从哪里来?

甲醛是一种无色、具有刺激性气味且易溶于水的气体，它有凝固蛋白质的作用，其35%～40%的水溶液通常被称为福尔马林，常作为浸渍标本的溶液。甲醛为较高毒性的物质，在我国有毒化学品优先控制名单上，甲醛高居第二位。研究表明，甲醛具有强烈的致癌和促癌作用。

室内环境中的甲醛从其来源来看，大致可分为两大类：

①来自室外空气的污染。工业废气、汽车尾气、光化学烟雾等在一定程度上均可排放或产生一定量的甲醛，但是这一部分含量很少。这部分气体在一些时候可进入室内，是构成室内甲醛污染的一个来源。

②来自室内本身的污染。室内的污染主要以建筑材料、装修物品及生活用品等化工产品在室内的使用为主，同时也包括燃料及烟叶的不完全燃烧等一些次要因素。甲醛具有较强的粘合性，同时可加强板材的硬度和具有防虫、防腐能力，因此目前市场上的各种刨花板、中密度纤维板、胶合板均使用以甲醛为主要成分的脲醛树脂作为粘合剂，因而不可避免地会含有甲醛。另外，新式家具、墙面、地面的装修辅助设备中都要使用粘合剂，因此凡是有用到粘合剂的地方常会有甲醛气体的释放，对室内环境造成危害。由于由脲醛树脂制成的脲-甲醛泡沫树脂隔热材料有很好的隔热作用，从而也常被制成建筑物的围护结构中。此外，甲醛还可来自化妆品、清洁剂、杀虫剂、消毒剂、防腐剂、印刷油墨、纸 张等。

因此，从总体上说室内环境中甲醛的来源还是很广泛的。一般新装修的房子，其甲醛的含量可达到0.40毫克每立方米，个别则有可能达到1.50毫克每立方米。经研究表明，甲醛在室内环境中的含量和房屋的使用时间、温度、湿度及房屋的通风状况有密切的关系。在一般情况下，房屋的使用时间越长，室内环境中甲醛的残留量越少；室内温度越高，湿度越大，越有利于甲醛的释放；通风条件越好，建筑、装修材料中甲醛的释放也相应地越快，越有利于室内环境的清洁。根据实测数据，一般正常装修的情况下，室内装修 5 个月后，甲醛的浓度可低于0.1毫克每立方米；装修7个月后可降至0.08毫克每立方米以下。日本的研究表明，室内甲醛的释放期一般为3～15年。

3. 甲醛污染危害严重的场所有哪些?

新装修的居室、办公室、会议室、宾馆、KTV包房和家具商场、建材商场等场所可能存在严重的甲醛污染。

4. 室内空气中甲醛污染现况如何?

人们的新居和办公室等场所都要进行室内装饰和购买家具，由于装修和家具制造要使用大量人造板材（如胶合板、大芯板、中纤板、刨花板、强化地板和复合木地板等），而生产人造板需大量使用以高毒性的甲醛为原料制造的胶粘剂，而胶粘剂中的甲醛释放期很长（一般长达15年），因此，甲醛成为了室内空气中的主要污染物。

据调查统计，全世界每年有280万人直接或间接死于装修污染，装修污染已被列为对公众危害最大的五种环境问题之一。中国预防医学科学院提供的资料显示，人们在家中度过的时间平均占66%，因此，不良室内空气环境将对人的健康造成最直接的伤害，其中最容易受到伤害的是老人和小孩，因为他们待在室内时间最长，尤其是小孩还喜欢坐在地板上。据中国室内装饰协会室内污染检测观察中心了解，在众多装饰材料中，有毒材料占68%，会产生300多种挥发性有机化合物（VOC），并可引发30多种疾病。

5. 如何防止、防治甲醛对室内环境的污染?

①控制室内环境中的甲醛污染，应该坚持从装修前入手。

•首先是确定合理的设计方案。设计师在选择设计方案时，必须符合环保的要求。

•选择的装饰材料要符合国家环保的标准，特别是房间的地面材料，最好不要大面积使用同一种材料。

•要合理计算室内空间的甲醛承载量和装修材料的使用量。

•要选择科学的施工工艺。注意选择对室内环境污染小的施工工艺，除了特殊要求以外，一般不要在复合地板下面铺装大芯板。用大芯板打的柜子和暖气罩，里面一定要用甲醛捕捉剂进行处理，油漆最好选用漆膜比较厚、封闭性好的。

•要严格掌控装饰和装修材料质量，特别是复合地板、大芯板，要把甲醛量作为选择的主要条件。

②防止甲醛危害要注意以下几点：

•注意室内甲醛的检测和净化。应根据室内空气中的甲醛污染程度，请室内环境监测中心的专家提供有效的治理方案，特别是有老人、儿童和过敏性体质的家庭成员的家庭，更要注意。

•使用人造板制作衣柜时一定要注意，尽量不要把内衣、睡衣和儿童的服装放在里面。

•在室内和家具内采取一些有效的净化措施，可以降低家具释放出的有害气体。

我国权威部门检测结果表明，在未装修及装修后的房屋中，室内存在大量污染，主要污染物即甲醛，甲醛和其他有害气体的检出率为100%。而目前建材市场上，绿色建材不到5%～10%。为了健康生活，我们务必对室内环境、家具产品进行检测和治理，以达到环保装修、环保家具要求！

6.什么是苯？有什么危害？

苯是一种无色、有特殊芳香气味的液体，被称为"芳香杀手"，它是装修产生的几大毒气中危害最大的，苯和苯系列已经被世界卫生组织确定为致癌物质。

人在短时间内吸入高浓度的甲苯、二甲苯，会出现中枢神经系统麻痹的症状，轻者头晕、头痛、恶心、胸闷、乏力、意识模糊，严重的会出现昏迷以致呼吸衰竭而死亡。苯主要对皮肤、眼睛和上呼吸道有刺激作用。经常接触苯，皮肤可因脱脂而变得干燥，有的会出现过敏性湿疹。长期接触苯系混合物的人，再生障碍性贫血发病率较高，并能引起白血病。孕妇吸入大量甲苯会造成胎儿畸形、中枢神经系统功能障碍及生长发育迟缓等缺陷。

7. 室内环境中苯的来源有哪些？

室内环境中苯的来源主要是燃烧烟草的烟雾、溶剂、油漆、染色剂、图文传真机、电脑终端机和打印机、粘合剂、墙纸、地毯、合成纤维和清洁剂等。

8. 什么是氨？室内环境中氨的主要来源及危害有哪些？

按毒理学分类，氨属于低毒类化合物，它是一种碱性物质，进入人体后可以吸收组织中的水分，对人体的上呼吸道有刺激和腐蚀作用，减弱人体对疾病的抵抗力。且氨进入肺泡后易和血红蛋白结合，破坏运氧功能。短期内吸入大量的氨可出现流泪、咽痛、声音嘶哑、咳嗽、头晕、恶心等症状，严重者会出现肺水肿或呼吸窘迫综合症，同时发生呼吸道刺激症状。

在我国北方地区，建造住宅楼、写字楼、宾馆、饭店等的建筑施工中，常人为地在混凝土里添加高碱混凝土膨胀剂和含尿素的混凝土防冻剂等外加剂，以防止混凝土在冬季施工时被冻裂，大大提高了施工进度。这些含有大量氨类物质的外加剂在墙体中随着湿度、温度等环境因素的变化而还原成氨气从墙体中缓慢释放出来，造成室内空气中氨浓度的大量增加。

同时室内空气中的氨也可来自室内装饰材料，比如家具涂饰时使用添加剂和增白剂大部分都用氨水。烫发过程中氨水作为一种中和剂而被洗发店和美容院大量使用。

另外随着人们对氟利昂类物质破坏臭氧层的认识加深，目前世界范围内已开始禁止使用其做为制冷剂。曾一度退出主导制冷剂地位的氨，又被重新开始利用，这也是一种潜在的污染源。

9. 装修过程中应怎样防治有害物质对室内环境的污染?

①选择环保的材料。室内环境污染的来源很多,其中有相当一部分是由于装修过程中所使用的材料不当造成的,包括甲醛、苯、氨等挥发性有机物气体。因此在装修过程中应尽量选择有机污染物含量比较少的材料。

②以水性油漆代替油性油漆。油性油漆为改变其流动性以满足生产和应用的需要,使用了大量的有机溶剂,涂料成膜后有机溶剂会不断挥发出来。而水性油漆是以水作为溶剂或分散介质,涂料成膜后挥发的大部分都是水。以水性油漆代替油性油漆进行室内装饰会大大降低室内挥发性有机物的产生量。

③使用低挥发性有机化合物的地毯和石膏间隔板。

10. 日常生活中应如何减少、避免室内空气污染?

由于室内空气污染并不是一时能够解决的问题,特别是针对于那些已经使用不合理材料装修过房子的人,重新装修是不切实际的,在这种情况下只有对日常生活中的一些细节加以留意来尽量减少和避免室内空气的污染:

①通风换气是最经济的方法,不管住宅里是否有人,应尽可能地多通风。多通风换气一方面有利于室内污染物的排放,另一方面可以使装修材料中的有毒有害气体尽早释放出来。

②保持室内环境一定的湿度和温度。室内湿度和温度过高,大多数污染物就从装修材料中散发得快,这在室内有人时不利,同时湿度过高有利于细菌等微生物的繁殖。但是在住宅内无人时,比如外出旅游时就可以采取一些措施提高湿度、促使污染物尽快散发。

③在使用杀虫剂、熏香剂和除臭剂时要适量,这些物质对室内害虫和异味有一定的处理作用,但同时它们也会对人体产

生一些危害。特别是湿式杀虫剂，其产生的喷雾状颗粒可以吸附大量的有害物质进入人体内，危害比用干式的严重得多。

④尽量避免在室内吸烟。吸烟不仅危害自身，而且对室内其他不吸烟的人群会产生更大的危害。

⑤使用室内强效除味剂，能有效、快速地去除室内因装修带来的各种异味，有效缓解新装修对室内空气的污染。

11. 怎样选择低毒性的涂料和油漆？

涂料和油漆的毒性主要表现在有的产品中含有甲醛、苯等致癌物质及铅、汞、镉等有害物质，能够危害人体的健康。一般说来，劣质的油漆和涂料中含的甲醛较多，而正规厂家的产品，只要通过一定时间的通风释放，甲醛含量都不会超过规定标准。北京市劳动保护科学研究所曾对13种家庭装修中最常用的硝基清漆进行检测，结果表明：涂刷1小时后，甲醛的释放量最大；到了第15天，仍有释放，但数值很小。对16种乳胶漆的检测结果显示：涂刷1小时之内，空气中普遍含有甲醛，但3天后，就基本检测不出来了，此时对人的健康不会造成损害。

室内涂料主要分为水性涂料和溶剂型涂料两种。产生污染物的主要是溶剂型涂料，而使用环保的水性涂料便可以完全免除涂料污染的担忧。此外，色彩鲜艳的漆料里所含的苯也较多，汞、铅、镉等有害物质的含量也不少，应尽量少用色漆。需要提醒的是，为了帮助消费者识别环保产品，国家环保局环保认证中心推出了中国环保涂料的标志，标志为圆形、绿色，上面写有"中国环境标志"字样。但是，涂料市场上的大部分标有环保标志的产品却并不可信，许多标志都是伪造的，消费者

很难辨别。在这种情况下，最简单的办法就是选用水性漆，一般可保证是环保产品。

12. 哪些石材有放射性？如何鉴别？

由于石材质地坚硬、色彩绚丽，装饰效果好，深受人们的喜爱。但大家普遍存在担心，石材的放射性会不会对人的健康造成危害？其实，放射性并不可怕，世界上的任何物质都有放射性，任何石材也都具有放射性，但有些放射对人体并不能构成伤害。石材的放射性与其生成年代、地质结构和条件有关。目前，用于装饰的石材多为大理石、花岗石。从国家技术监督部门对各地石材的抽查结果看，花岗石放射性较高，超标的种类较多，而大理石放射性结果检验基本合格。

大理石是由沉积岩中的石灰岩经高温高压等外界因素影响变质而成的，主要由方解石及白云石颗粒组成。多年实际检测结果表明，方解石和白云石的放射性一般都很低，由放射性很低的石灰岩变质而成的大理石，其放射性也是很低的，完全可以放心选用。

花岗石中的镭放射后产生的气体——氡，若长期被人体吸收、积存，会在体内形成内辐射，使肺癌的发病率提高。所以在选择花岗石作室内装饰材料时，一定要格外小心。

要鉴别石材的放射性，特别是花岗石石材的放射性，由于消费者个人没有仪器，是无法做到的，需请专业检测机构，在当地质量监督部门的组织下进行鉴别。具体标准可参照1993年国家建设部颁布的《天然石材放射防护分类强制控制标准》（JC 518—93）。

13. 如何避免厨房污染？

①要想解决厨房污染问题，首先选购燃气灶具一定要注意质量，要使用能够燃气充分燃烧的灶具。

②应注意厨房的充分换气，最好在厨房向外的墙上安装一架功率较大的双向换气扇，同时在炉具上方安装排油烟机，把厨房油烟中有害气体对人体的危害减少到最低点。有的人以为，要排除厨房油烟，只需要在操作时间打开厨房的窗户就行了，但这其实是一种无意识的慢性自杀的做法。因为开窗后空气的自然流通太慢，且油烟又是弥漫播散的，只有强制向外排风，才能有效地减少油烟对人形成的污染和损害。

③定期使用室内强效除味剂，也能很好去除油烟污染和食品残渣、污水滋生的细菌、病毒，还可以去除蟑螂、蚂蚁等小虫。

④灶具应安排在排烟道附近，无排烟道的厨房灶具要尽可能安排在靠近窗户的地方，以免排油烟管在空中距离过长，影响空间使用。厨房在不操作时，可打开窗户补充新鲜空气。

⑤绿化厨房也是一个既能保证人体健康又能美化环境的一举两得的办法，可以在厨房内摆放几盆成活率高、生命力强的绿色植物，它们不仅能净化空气，而且也是家庭格调的独特体现。

14. 如何将电磁波污染对人体的影响降低最低?

由于现代家庭生活的需要，彻底避免电磁波的污染是不现实的，因此只有在现有的基础上采取一些有效的措施来增强自我防范意识。

减少电磁波污染的总的原则有：

①由于工作需要、不能远离电磁波发射源的，必须采取屏蔽防护措施。

②尽量增大人体与发射源的距离。因为电磁波对人体的影响与发射功率大小及发射源的距离有关，所以它的危害程度与发射功率成正比，与距离的平方成反比。以移动电话为例，虽然其发射功率只有几瓦，但由于其发射天线距头部很近，其实际收到的发射强度却相当于距离几十米处的一台几百千瓦的广

播电台发射天线所受到的发射强度。好在人们使用的时间很短，不会有明显的表现，但时间过长可能会对脑细胞的活动和分裂有所影响，并发生癌变。因此，在实际工作中应尽量避免长期处在电磁波的环境中。如在机房等电磁波发生强度较强的场所，工作人员应适当到远离电磁场处活动；在使用移动电话时要尽可能是天线远离人体，特别是头部，并尽量减少通话时间；观看电视时应保持4～5米的距离，不可多靠近微波炉；青少年应尽量少玩电子游戏机等。

15. 室内空气净化是怎么回事？

通过室内空气净化装置可将室内空气净化。目前，市场上出售的室内空气净化装置有以下类型：

①以活性炭为吸附材料，将室内环境中的污染物吸附，以达到去除污染物的目的。但是这种净化装置只是对污染物起到转移的作用，不能彻底分解污染物，同时吸附材料到一定的时间就会饱和，此时需重新更换材料。

②采用光催化原理，在吸附材料上涂上一些催化剂，利用催化剂的表面活泼性和降低反应的活化能的原理将一些在常温情况下无法分解的污染物分解，达到净化的目的。

③负离子发生器可通过气体放电产生大量的负离子，一方面这些负离子对人体健康有直接的有益作用，另一方面负离子可以对室内环境中的污染物发生作用使污染物浓度降低。

④以消毒灭菌为主的臭氧发生器被广泛应用于卫生间除臭、餐具消毒、衣柜防霉、防蛀、家庭贮存蔬菜、水果的保鲜等。

16. 为避免细菌滋生应如何选择厨柜台面？

厨房里的厨柜台面是主妇准备食物的重要地方，但同时也是危险细菌（如大肠杆菌）繁殖的温床。

美国旅游技术及管理协会进行了一项研究，对6种厨柜台面材料进行了测试，包括不锈钢、花岗岩、塑料薄板、木头、瓷砖和水泥。研究人员首先用大肠杆菌（约有20亿只微生物）污染柜台面，然后用水和洗涤剂清洗，再用经稀释的醋消毒。结果发现，不锈钢柜台面的细菌数目减少得最多。本测试结果表明，不锈钢厨柜台面较卫生，并且同时可以避免使用太多的化学消毒剂和清洁剂清洗，因而减少室内的空气污染。

17. 哪些花草能净化室内空气？

绿色植物对居室的空气具有很好的净化作用。美国科学家威廉·沃维尔经过多年测试，发现各种绿色植物都能有效地吸收空气中的化学物质，并将它们转化为自己的养料：在24小时照明的条件下，芦荟消灭了1立方米空气中所含的90%的醛，常青藤消灭了90%的苯，龙舌兰可吞食70%的苯和50%的甲醛和24%的三氯乙烯，垂挂兰能吞食96%的一氧化碳和86%的甲醛。

绿色植物对有害物质的吸收能力之强，令人吃惊。事实上，绿色植物吸入化学物质的能力大部分来自于其盆栽土壤中的不同微生物，而并非主要来自它的叶子。在居室中，每10平方米栽一两盆花草，基本上可达到清除污染的效果。这些能净化室内空气的花草有：

芦荟、吊兰和虎尾兰，可清除甲醛。15平方米的居室，栽两盆虎尾兰或吊兰，就可保持空气清新，不受甲醛之害。虎尾兰白天还可以释放大量的氧气。吊兰还能排放出杀菌素，杀死病菌，若房间里放有足够的吊兰，24小时之内，80%的有害物质会被杀死。还有，吊兰还可以有效地吸收二氧化碳。

紫苑属、黄耆、含烟草和鸡冠花，这类植物能吸收大量的铀等放射性元素。

常青藤、月季、蔷薇、芦荟和万年青，可有效清除室内的三氯乙烯、硫化氢、苯、苯酚、氟化氢和乙醚等。

桉树、天门冬、大戟、仙人掌，能杀死病菌。天门冬还可清除重金属微粒。

常春藤、无花果、蓬莱蕉和芦荟，不仅能对付室外带回来的细菌和其他有害物质，甚至可以吸纳连吸尘器都难以吸到的灰尘。

龟背竹、虎尾兰和一叶兰，可吸收室内80%以上的有害气体。

柑橘、迷迭香和吊兰，可使室内空气中的细菌和微生物大为减少。

月季，能较多地吸收硫化氢、苯、苯酚、氯化氢、乙醚等有害气体。

紫藤，对二氧化硫、氯气和氟化氢的抗性较强，对铬也有一定的抗性。

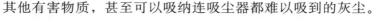

18. 怎样识别污染鱼？

这里说的污染鱼，主要指化学性污染。随着人类科学技术和生产的发展，尤其是农药和化肥的广泛应用，众多的工业废气、废水和废渣的排放，使一些有毒物质，如汞、酚、氰化物、有机氯、有机磷、硫化物、氮化物、氟化物、砷化物和对硝基苯等，混杂在土壤里、空气中，源源不断地注入鱼塘、河流或湖泊，甚至直接进入水系，造成大面积的水质污染，致使鱼类受到危害。被污染的鱼，轻则带有臭味，发育畸形，重则死亡。人们误食受到污染的鱼，有毒物质便会转移至人体，在人体中逐渐积累，引起疾病。如有机农药会导致儿童发育迟缓，智能低下，易患侏儒症；重金属盐类可致关节疼痛和癌症。有些物质毒性较强，对人类健康危害更大。以下是识别几种常见污染鱼的方法：

①畸形——鱼体受到污染后的重要特征是畸形，只要细心观察，不难识别。污染鱼往往躯体变短变高，背鳍基部后部隆起，臀鳍起点基部突出，从臀鳍起点到背鳍基部的垂直距离增大；背鳍偏短，鳍条严密，腹鳍细长；胸鳍一般超过腹鳍基部；臀鳍基部上方的鳞片排列紧密，有不规则的错乱；鱼体侧线在体后部呈不规则的弯曲。严重畸形者，鱼体后部表现凸凹不平，臀鳍起点后方的侧线消失。另一重要特征是，污染鱼大多鳍条松脆，一碰即断，此点最易识别。

②含酚的鱼——鱼眼突出，体色蜡黄，鳞片无光泽，掰开鳃盖，可嗅到明显的煤油气味。烹调时，即使用很重的调味品盖压，仍然刺鼻难闻，尝之麻口，使人作呕。被酚所污染的鱼品，不可食用。

③含苯的鱼——鱼体无光泽，鱼眼突出，掀开鳃盖，有一股浓烈的"六六六"粉气味。煮熟后仍然刺鼻，尝之涩口。含苯的鱼，其毒性较含酚的更大，严禁食用。

④含汞的鱼——鱼眼一般不突出。鱼体灰白，毫无光泽；肌肉紧缩，按之发硬。掀开鳃盖，嗅不到异味。经过高温加热，可使汞挥发一部分或大部分，但鱼体内残留的汞毒素仍然不少，因此不宜食用。

⑤含磷、氯的鱼——鱼眼突

出，鳞片松开，可见鱼体肿胀；掀开鳃盖，能嗅到一股辛辣气味；鳃丝满布粘液性血水，以手按之；有带血的脓液喷出；入口有麻木感觉。被磷、氯所污染的鱼品，应该忌食。

吃了被污染的鱼，人体可能慢性中毒、急性中毒，甚至会诱发多种疾病，可致畸、致癌。如果发现中毒症状，应及时去医院诊治。